Werner Betz und Udo Vits (Hrsg.)

DIE FORMELN VON LILOR

Notizen zu den Vergleichen der aktuellen irdischen Wissenschaften und unserem persönlichen Wissen

mitgeteilt von Lilor, dem Kommandanten einer extraterrestrischen Basis und aufgezeichnet von Jean de Rignies (1919 – 2001)

verwaltet von Udo Vits
übersetzt von Kerstin Kämpf

Eine Isaistempler Edition

In Zusammenarbeit mit dem Isaistempler Projekt
https://www.zen-schule-schmidt.de/beratung/isaistempler-projekt/

Bibliografische Information der Deutschen Nationalbibliothek:
Die Deutsche Nationalbibliothek verzeichnet diese Publikation in der
Deutschen Nationalbibliografie; detaillierte bibliografische Daten sind im
Internet über http://dnb.dnb.de abrufbar.

TWENTYSIX – Der Self-Publishing-Verlag
Eine Kooperation zwischen der Verlagsgruppe Random House und
BoD – Books on Demand

© 2020 Ancient Mail Verlag Werner Betz

Herstellung und Verlag: BoD – Books on Demand, Norderstedt

Herausgeber: Ancient Mail Verlag Werner Betz
Europaring 57, D-64521 Groß-Gerau
Tel.: 00 49 (0) 61 52/5 43 75, Fax: 00 49 (0) 61 52/94 91 82
www.ancientmail.de
Email: ancientmail@t-online.de

Covergestaltung: Werner Betz

ISBN: 978-3-740-77126-3

Der Inhalt der nachfolgend abgedruckten Aufzeichnungen wurde Jean de Rignies von einem Wesen mitgeteilt, das sich Lilor nannte und angab, der Kommandant einer unterirdischen extraterrestrischen Basis zu sein, die sich von dem Gebiet an der Salsquelle in den französischen Pyrenäen kilometerweit, bis zum Pech de Bugarach, erstreckt. Er hat das empfangene Wissen über Jahre hinweg in einem Heft aufgezeichnet, welches hier vollständig abgedruckt ist, nebst einer nach bestem Wissen und Gewissen angefertigten Übersetzung. Es soll als Forschungsgrundlage dienen und zu weiteren physikalischen und mathematischen Erkenntnissen führen.

Notes sur les différences entre les Lois Cosmiques et les découvertes scientifiques Terrestres - sur - la Gravitation et la Force Nucléaires ainsi que les Notions de Temps et d'Espaces — jusqu'en 1990 - Année Terrestre.

Robert D - 91.89.44.17

Notizen zu den Unterschieden zwischen den

kosmischen Gesetzen und den wissenschaftlichen

Entdeckungen auf der Erde über die Gravitation und

die Kernkräfte sowie Anmerkungen zu Zeit

und Raum – bis 1990 – Erdenjahr

(Links eingeblendet die Seite vor dem Inhalt,
ohne Aussage)

Essais et

Notes sur

la Gravitation et

... certains phénomènes

Quantiques et sur certaines

erreurs de la Relativité d'Einstein

d'après la connaissance extérieure au

plan terrestre que je possède —

Etude de Physique cosmique .

comparée aux connaissances terrestres

actuelles par rapport à nos connaissa...

"Explor. terrestis" ——— Où en sont les

terriens ? Peut-on les aider + ?

en leur livrant les secrets de l'Energie sans

qu'ils s'en servent pour s'entre-tuer ?

———

Cosmogonie et Cosmologie

de Frère Ténèbre.

Entwürfe und Notizen

zur Gravitation und

zu bestimmten Quantenphänomenen und gewisse

Fehler von Einsteins Relativitätstheorie

gemäß der äußeren Kenntnis des

Erdenplans, den ich kenne _

Studien zur Physik des Kosmos

Verglichen mit den

aktuellen irdischen Kenntnissen in Bezug auf unsere

„außerirdischen" Kenntnisse _____ wo kommen darin die

Erdenbürger vor? Können wir ihnen helfen + ?

Indem wir Ihnen die Geheimnisse der Energie

offenbaren, ohne die sie sie *[die Energie]* nutzen

werden, um sich gegenseitig zu umzubringen?

———————

Kosmogonie und Kosmologie
der Zukunft der Erde.

———————

1ᵉ Partie - "Scientifique"

2° -   la Future "Religion" Science "

1 { les "erreurs" voulues de la "Bible"
+ { les Preuves par la bible
2 { les Ex. Ter. dans la Bible.
3 { les soit-disant Dieu et Anges –
∅ { Parallèle Colonies Terrestres et E.T –

3°   { Science. Matérielle
        { Science de l'Esprit ou Connaissance de
              l'ÉNERGIE UNIVERSELLE

◦ Passeport pour Caïn
◦ Vos ancêtres ont cru en d'autres dieux que nous (Esaïe 36 – 13)
◦ Esaïe XIII – 4.5 – Ils viennent des terres lointaines du bout des Cieux
× Le royaume du monde est remis à notre Seigneur et à son Christ – (Ap. 11.15)
    Avènement du 1ᵉ Jésus par le Christ –
× – Rencontre 3ᵉ Type Second gr. Exode 32 (31.33)
×× Evacuation de la planète – 1. Thessaloniciens – 4 v (16.17.18)
    Esaïe. 19 – 1. Durée rapide

π . 3.141592654 ∞ _ _ _

$\pi = \dfrac{22}{7}$ { 3.142857 | 142.857 | 142 857 }
                         143.

1ter Teil_ wissenschaftlich

2ter _ die zukünftigte „Religion" Wissenschaft

1/die beabsichtigten „Fehler" der „Bibel"
4/die Beweise für die Bibel
    2/die Außerirdischen in der Bibel
    3./Die sogenannten Gott und Engel
    8 *[oder 5, [Ziffer unleserlich][1]/Zeitgleiche* Siedlungen auf der
Erde und Extraterrestrisch
3ter/Materielle Wissenschaft
/Wissenschaft des Geistes bei Kenntnis der
UNIVERSELLEN ENERGIE

X Passdokument für Kain
X Die Vorfahren hatten andere Götter als wir (Essay 2b-13)
X XIII_4.5 Sie kommen aus weit entfernten Landen eines Teils *[?]*
    der Orte (AP.11.15)
X Das Königreich der Welt ist zu unserem Herrn und seinen Chris-
    tus gekommen (Ap.11.15)
    [Wort unleserlich: Auserwählung?] Des Herrn Jesus zum Christus
X Begegnung der dritten Art oder Exodus 32.(31.22)
XX Evakuierung des Planeten_ Thessalonienes_4 v (16.17.18)

Essay . 19 _I. schnelle *[Wort unleserlich]*

π . 3.141592654...∞.....

π = 22/7 ≠ 3.142857	142 857	142857
	143	

---

[1] Alle Anmerkungen der Übersetzerin – die sich meist auf Unklarheiten im hand-
schriftlichen Text beziehen – sind in eckigen Klammern kursiv gesetzt

Étude d'approche par la mécanique quantique de l'existence de la masse négative et de son utilisation dans la construction de corps gravitationnels neutralisés

———

Étant donné que l'existence "terrestre" de la majorité écrasante des effets électrostatiques de la mécanique quantique repose sur un jeu de forces attractives et répulsives provenant de 2 types de charges, une étude de la gravité au moyen de la mécanique quantique ne pourra donner que peu de résultats satisfaisants à moins qu'il existe 2 types de masse. Le 1er type la masse + conservent toutes les propriétés attribuées à la masse ordinaire, alors que le 2e type la masse — ne diffère du fait que sa masse est une quantité négative.

C'est en étudiant les effets de la lumière de la mécanique quantique de l'existence de ces 2 types de masse qu'une théorie sur la gravité pourra être élaborée. Cette théorie expliquera pourquoi la masse — n'a jamais été détectée et affirma les fondements théoriques de méthodes expérimentales pour détecter l'existence de masse + et de l'utiliser dans la production de corps neutres gravitationnels.

Pour arriver à ces résultats nous avons recours à l'équation indépendante du temps de Schrödinger dont on a retiré le mouvement du centre de masse. Soit :

$$-\hbar^2/2\mu \, \nabla^2 \, \underline{\Psi} + V\underline{\Psi} = E\,\Psi$$

où tous les symboles représentent les quantités quantiques conventionnelles —

Studie über die Existenz der negativen Masse und ihren Einsatz bei der Konstruktion von Körpern mit neutralisierter Gravitation mit Hilfe der Quantenmechanik

Gegeben sei, dass die „irdische" Existenz der überwältigenden Mehrheit der elektrostatischen Effekte in der Quantenmechanik auf der Existenz eines Paares von attraktiven und repulsiven Kräften beruht, die aus zwei Ladungstypen hervorgehen. Die Untersuchung der Gravitation mit Hilfe der Quantenmechanik kann nur unbefriedigende Ergebnisse liefern wenn nicht mindestens zwei Arten von Masse existieren. Der erste Massentyp + enthält alle Eigenschaften, die der normalen Masse zugeordnet werden, während der zweite Massentyp (-) sich dadurch unterscheidet, dass seine Masse eine negative Quantität ist.

Durch die Untersuchung der Auswirkungen des Lichts in der Quantenmechanik und die Existenz dieser 2 Typen von Masse kann eine Theorie über die Gravitation ausgearbeitet werden. Diese Theorie wird erklären, warum die negative Masse (-) niemals detektiert wurde und sie legt die theoretischen Fundamente der experimentellen Methoden dar, um die Existenz der Masse zu messen + und um sie in der Herstellung von Körpern mit neutralisierter Gravitation zu verwenden.

Um zu diesen Ergebnissen zu kommen, müssen wir auf die zeitunabhängige Schrödingergleichung zurückgreifen, von der man die Schwerpunktsbewegung abgezogen hat, d.h.:

$$- \hbar^2/2\mu \; \nabla^2 \Psi + V \Psi = E \Psi$$

Hierin stellen alle Symbole die konventionellen gequantelten Parameter dar.

On portera une attention particulière à la masse réduite $\mu = \dfrac{m_1 \, m_2}{m_1 + m_2}$ où m_1 et m_2 sont les masses de 2 corps en interaction.

On peut aborder le 1° obstacle auquel toute théorie sur la masse $(-)$ se heurte, c'est à dire expliquer pourquoi l'on n'a jamais détecté la masse $(-)$ en étudiant comment des corps matériels se formeraient si une région d'espace vide se remplissait tout à coup de plusieurs quanta de masse $+$ et masse $-$.

Afin de poursuivre dans cette direction on doit d'abord connaître la nature des afférentes interactions quantiques possibles entre les masses $(+)$ et $(-)$.

En insérant le potentiel d'interaction gravitationnel conventionnel dans l'équation de Schrödinger et en résolvant la fonction ondulatoire Ψ on obtient pour résultat la probabilité que 2 quanta de $+$ se retrouve près l'un de l'autre, est supérieur à celle qu'ils soient séparés. C'est pourquoi on dit qu'il y a une attraction entre des paires de quanta de masse $(+)$. Par un calcul similaire on peut démontrer que bien que la forme du potentiel soit le même, les quanta de masse $(-)$ peuvent se rejoindre.

Ceci provient du fait que le terme de masse réduite dans l'équation de Schrödinger est négatif dans ce dernier cas. On trouve alors que le type d'interaction de masse $-$ masse $+$ dépend de la dimension relative des masses des quanta de $+$ et $-$ qui interagissent, étant répulsive si la masse du quantum de $-$ est supérieur en valeur absolue à la masse du quantum $(+)$ et attractive dans le cas contraire. Si les 2 masses sont égales en valeur absolue, la masse réduite est infinie et l'équation de Schrödinger se réduit à $(V - E)\Psi = 0$

Man beachte insbesondere, dass die reduzierte Masse $\mu = \frac{m1*m2}{m1+m2}$ ist, worin m1 und m2 die Massen der 2 Körper in Wechselwirkung sind.

Das erste Hindernis, an das die Theorie der Masse stößt, ist zu erklären, warum man niemals die Masse (-) detektiert hat. Dieses Hindernis kann man in Angriff nehmen, indem man untersucht, wie sich materielle Körper bilden, wenn eine leere Region im Raum plötzlich mit mehreren Quanten der Masse (+) und der Masse (-) gefüllt wird.

Um diese Richtung zu verfolgen, muss man zunächst die Art der zugehörigen gequantelten Wechselwirkungen zwischen den Massen (+) und (-) kommentieren.

Indem man das konventionelle Wechselwirkungspotential der Gravitation in der Schrödingergleichung benutzt und indem man die Wellenfunktion Ψ löst, erhält man im Ergebnis, dass die Wahrscheinlichkeit, dass sich 2 + Quanten nah beieinanderbefinden, größer ist, als jene dass sie weit auseinander liegen. Daher sagt man, dass eine Anziehung zwischen Quanten der Masse (+) besteht. Durch eine ähnliche Rechnung kann man zeigen, dass obwohl die Form des Potentials dieselbe ist, die Quanten der Masse (-) sich abstoßen können.

Das ergibt sich aus der Tatsache, dass der Term der reduzierten Masse in der Schrödingergleichung im zweiten Fall negativ ist.

Man findet demnach, dass der Wechselwirkungstyp zwischen den Massen (-) und (+) von der relativen Größe der Massen mit den Quanten (+) und (-), die miteinander wechselwirken, abhängt: er ist abstoßend, wenn die Masse mit dem negativen Quantum vom absoluten Wert her höher ist als die Masse mit dem positiven Quantum und attraktiv im umgekehrten Fall. Wenn die zwei Massen vom Absolutwert her gleich sind, ist die reduzierte Masse unendlich groß und die Schrödingergleichung verkürzt sich zu (V.E)

Ψ = 0

Puisque la solution $\psi = 0$ est intéressante en physique on 5
doit conclure que $V = E$ et donc qu'il n'y a pas d'énergie
cinétique de mouvement relatif — Ainsi l'existence d'un potentiel
d'interaction entre les quanta (+) et (−) de masse égale produira
l'accélération relative et donc aucune attraction ou répulsion
mutuelle

On pourrait épiloguer sur les implications philo
de la contradiction entre ce résultat et la 2ᵉ loi de Newton
mais ceci est hors du sujet actuel

On s'en tiendra plutôt aux séries de dérivations ci-dessus
pour envisager la création de corps matériels dans une région
subitement remplie de plusieurs quanta de (+) et (−)

En raison de la nature des interactions $m(+)/m(+)$ et
$m(−)/m(−)$ le quantum de $m(+)$ seul se combine très vite
en petites sphères de $m(+)$ bien que rien encore n'ait mis aucun
quantum de $m(−)$ — Étant raisonnable de supposer qu'en V atteinte
solue une sphère de $m(+)$ présente qu'un quantum de $m(−)$, elle attirera
les quanta et commencera à les absorber — Cette absorption continuera
tant que l'attraction entre une sphère et les quanta de $m−$ libres
n'aura pas atteint 0 en réduction de la masse qui devient ∞ —
La masse résulte deviendra ∞ lorsque la sphère absorbera suffi-
samment de quanta de $m−$ pour donner la somme algébrique des
masses de ses composants de quanta de $m(+)$ et de $m(−)$ égale
à la valeur(−) de la masse au prochain quantum de $m(−)$ à venir

Ainsi la théorie prévoit que tout corps matériel qui absorbe
autant de quanta de $m(−)$ qu'il faut sous tient aura le même
poids minime peu importe la dimension.

Étant donné que ceci est contraire avec les faits

Die Lösung Ψ = 0 ist in der Physik interessant und man kann daraus schließen, dass V = E ist und folglich, dass es keine kinetische Energie der Relativbewegung gibt. Folglich führt die Existenz eines Wechselwirkungs-potentials zwischen den Quanten (+) und (-) gleicher Masse zu einer Relativbeschleunigung und damit zu keiner gegenseitiger Anziehung oder Abstoßung.

Man könnte lange über die philosophischen Implikationen des Widerspruchs zwischen diesem Ergebnis und dem 2ten Gesetz von Newton diskutieren, aber dies würde den Rahmen dieses Aufsatzes sprengen.

Wir begnügen uns daher mit der *[Wort unleserlich: Reihe?]* der obenstehenden Ableitungen um uns die Erschaffung von Körpern in einer Region vorzunehmen, die plötzlich mit mehreren (+) und (-) Quanten gefüllt wird.

Wegen der Art der Wechselwirkungen m(+)m(+) und m(-)m(-) verbindet sich einzig das Quantum m(+) sehr schnell zu kleinen Kugeln der Massen (+) und dabei nimmt keine einzige ein Quantum von m(-) auf. Da es vernünftig ist anzunehmen, dass im Absolutwert eine Kugel von m(+) mehr wiegt als ein Quantum von m(-), wird sie die Quanten anziehen und beginnen sie zu absorbieren. Diese Absorption setzt sich fort solange die Anziehung zwischen einer Kugel und den freien Quanten m(-) noch nicht 0 erreicht hat, *[.....................]*[2] Die reduzierte Masse wird ∞, da die Kugel ausreichend m(-)-Quanten absorbiert bis dass die algebraische Massensumme ihrer Komponenten der Quanten m(+) und m(-) den (-)-Wert des folgenden m(-) Quantums ergeben.

Folglich sieht die Theorie vor, dass jeder materiellen Körper, der soviel M(-)-Quanten absorbiert, wie er fassen kann, dasselbe minimale Gewicht einschließt von der Abmessung hat.

Da dies den experimentellen Fakten widerspricht,

---

[2] Anmerkung d. Übersetzerin: Ich bin nicht sicher ob es nun heißt: 1) indem die Masse sich verringert und ∞ wird oder 2) und die Absorption setzt sich fort [...] indem die Masse verringert wurde und ∞ wird. (Beide Möglichkeiten bleiben unklar. Sinn würde das in mathematischer Hinsicht ergeben, wenn die Gesamtmasse Null wird und dadurch die reduzierte Masse unendlich wird. Das steht so aber nicht da.).

6

expérimentaire, on doit conclure que l'équilibre survenant
par la masse restante qui devrait se [...] n'a pas encore été atteint —
c'est à dire que si l'on suppose que le M(+) et n'y a pas suffisament
de quanta de M(-) dans l'Univers pour permettre aux sphères de M(+) d'absorber
toute la M(-) qu'elles peuvent contenir — on peut alors expliquer le fait
expérimental que le M(-) n'a jamais été observée — parlé des mécanismes
ci-dessus dans lesquels les plus petites quantités de M(-) pouvant être
présentées dans l'Univers sont absorbées [...] par [...] quantités
de masse (+) ce qui produit des corps composés de M(+) et M(-), mais ceux-ci
possèdent une masse totale nette variable et [...] —

Il faut prouver que la masse (+) existe en prenant le problème
[...] de la mécanique quantique de petites quantités de M — dans
de grandes sphères de M(+).   On peut comprendre ce problème en
en le ramenant à un quantum de masse (-) dans le champ de 2 quanta
de M(+) qui sont à une distance [...] l'un par rapport à l'autre.
En [...] la simplification à [...] les 3 dimensions en [...]
en remplaçant les quanta de M(+) par des barrières carrées, on obtient
une solution dans laquelle l'état fondamental d'énergie E_0 du
quantum de M(-) dans le champ du quantum de M(+) est séparé en
deux niveaux d'énergie dans le champ de 2 quanta de M(+) [...]
2 niveaux correspondant à des solutions de [...] paires ou impaires
de l'équation ondulatoire où E_{pair} se trouve supérieur et E_{impair}
se trouve inférieur à E_0.   L'ordre de différences $E_p - E_0$ et $E_i - E_0$ dépend
de la distance qui sépare les 2 quanta de M(+), O étant la séparation
[...] est une quantité [...] à mesure que cette distance [...] de séparation [...]

On peut élaborer une théorie quantique de la M(-) fondée sur les
suppositions que les interactions gravitationnelles obéissent aux lois de la
mécanique quantique et que toutes les interactions possibles de la

muss man schließen, dass das Gleichgewicht, das unerwartet dadurch auftritt, dass die reduzierte Masse unendlich wird, noch nicht erreicht wurde. Das heißt, dass wenn man annimmt, dass es nicht ausreichend Masse m(-) im Universum gibt, um den Kugeln der Massenquanten m(+) zu erlauben, alle m(-) Quanten zu absorbieren, die sie aufnehmen könnten, dann kann man also den experimentellen Fakt, dass die m(-) Quanten bisher nicht beobachtet werden konnten, mit den oben genannten Mechanismen so erklären, dass die kleineren Mengen an m(-) die im Umiversum vorhanden waren *[?]* von den größeren Mengen der Masse (+) absorbiert wurden, was Körper hervorbringt, die aus m(+) und m(-) zusammengesetzt sind, aber die eine variable und positive Gesamtnettomasse besitzen.

Man sollte beweisen, dass die Masse m(-) existiert indem man das [Wort unleserlich: intern? intensiv?] Problem der Quantenmechanik der kleinen Mengen an m(-) in den großen Kugeln der m(+) heranzieht. Man kann dieses Problem verstehen, indem man es auf den Fall eines Quantums der Masse (-) in einem Feld von 2 m(+) Quanten zurückführen, die einen festen Abstand zueinander haben. Nebenbei hat diese Vereinfachung die 3 Dimensionen auf eine 1 reduziert in dem ein m(+)Quant durch rechteckige Barrieren ersetzt wurde. Dadurch erhält man eine Lösung in der der Grundzustand der Energie E_0 des Quantums m(-) im Feld der m(+) Quanten in zwei Niveaus im Feld der zwei m(+) Quanten aufgespalten ist. Diese 2 Niveaus entsprechen den Lösungen der Wellengleichung mit gerader und ungerader Parität in der $E_{gerade}(E_p)$ oberhalb und $E_{ungerade}$ (E_i) unterhalb von E_0 liegt. Die Größenordnung der Unterschiede von E_p E_0 und $E_i E_0$ hängt von dem Anstand ab, der die beiden m+ Quanten trennt, er ist 0 bei unendlichem Abstand und steigt an, wenn dieser Abstand kleiner wird.

Man kann eine Quantentheorie der m(-) ausarbeiten, die auf dem Vorschlag beruht, dass die Gravitationswechselwirkungen den Gesetzen der Quantenmechanik gehorchen und dass alle anderen möglichen Wechselwirkungen von

$M(+)$ et $(-)$ avec elles-mêmes ou entre elles sur la loi de l'inverse
du carré qui est bien connue. Cette théorie explique pourquoi la
$M(-)$ n'a jamais été observée expérimentalement et donne des méthodes
expérimentales plausibles pouvant permettre d'établir l'existence de
la $M(-)$ en vue de l'utiliser dans la correction de corps gravitationnellement
neutre d'après le Prof. F. Moser.

Lien existant entre la gravitation et l'Énergie Nucléaire

Quadratiquement l'équation de champ suivante.

$$-K\,\underline{T_{\upsilon\nu}} = R_{\upsilon\nu} + \tfrac{1}{2}R g_{\upsilon\nu} + \underline{C_{\mu\nu}}(\Phi\underline{\Psi})$$

$$\left(\tfrac{1}{i}\gamma^{\mu}\underline{\partial_{J\mu}} + m + \lambda_0{}^{\mu\nu}\underline{K_{\upsilon\nu}}(x)\right)\underline{\Psi} = 0$$

avec une équation similaire pour Φ. Dans l'équation ci-dessus
Ψ représente les fonctions ondulatoires des hypérons et Φ les opérateurs
quantiques de champ de la particule K. Les trois premiers termes
de la première équation sont les structures usuelles de la relativité
générale d'Einstein. Le dernier terme $C_{\mu\nu}$ est le tenseur de
"création" qui nous donnera notre conversion d'énergie gravifique
en Énergie Nucléaire. C'est comme $T_{\mu\nu}$ qui est un tenseur de
moment d'énergie.

Dans la 2ème équation $\partial_{J\mu}$ représente la dérivée covariante
alors que γ^μ est une matrice de Dirac généralisée, arrangée de
sorte que la 2ème équation soit bien covariante sous le groupe
général de transformation de coordonnées. Le terme $\Theta^{\mu\nu}K_{\mu\nu}$
comprend automatiquement les niveaux d'hypérons les plus élevés.

M(+) und (-) mit sich selbst und zwischen einander auf das wohlbekannte Abstandsgesetz (1/r^2 -Gesetz) zurückzuführen sind. Diese Theorie erklärt, warum die Masse m(-) niemals experimentell nachgewiesen wurde und gibt machbare exerimentelle Methoden vor, die es erlauben die Existenz der m(-) mit dem Ziel zu etablieren, gravitationsneutrale Körper nach Prof. F. Moter *[Name nicht klar lesbar]* zu konstruieren.

Beziehung zwischen der Gravitation und der Kernenergie

Beginnen wir mit der nachfolgenden quantitativen Feldgleichung

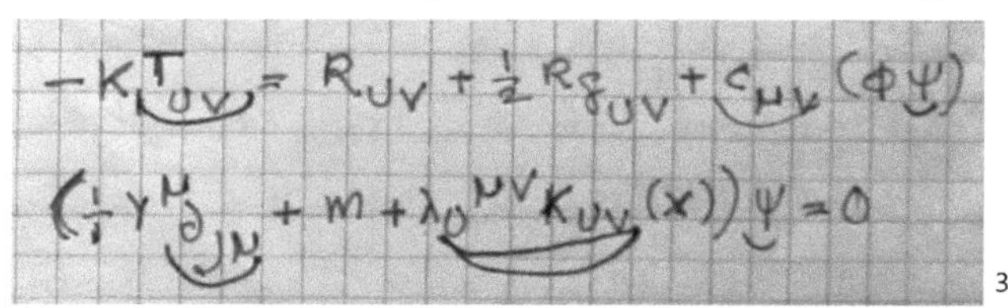

3

Mit einer ähnlichen Gleichung für ϕ. In der obenstehenden Gleichung steht Ψ die Wellenfunktion der Hyperonen und ϕ steht für die Quantenoperatoren des Feldes von der/dem *[evtl. funktional/partial?]*. Die drei ersten Terme in der ersten Gleichung sind die sichtbare Struktur der allgemeinen Relativitätstheorie von Einstein. Der letzte Term $C_{\mu\nu}$ ist der Tensor der „Erschaffung" der uns unsere Umwandlung der Gravitationsenergie in Kernenergie gibt. $C_{\mu\nu}$ ist wie $T_{\mu\nu}$, das ein Term der Bewegungsenergie ist. In der zweiten Gleichung stellt $\delta_{j\mu}$ die kovariante Ableitung dar, d.h. dass $\mu\nu$ eine generalisierte Dirac Matrix von der Form ist, dass die zweite Gleichung unter der Gruppe der allgemeinen Koordinatentransformationen kovariant sei. Der Term $\mu V K_{\nu V}$ enthält automatisch die höchsten Niveaus des Hyperons.

---

3 Einige der Formeln sind als Grafiken eingefügt. Das ist dann der Fall, wenn einzelne Terms unleserlich oder schlecht lesbar sind oder wenn Anmerkungen in den Formeln von Bedeutung sein könnten.

$C_{\mu\nu}$ est fonction des variables du champ d'hyperon et du champ K, Ψ et Φ. On voit donc que ces 2 équations sont liées de 2 façons : le terme de création $C_{\mu\nu}$ dépend des variables Ψ et Φ alors que le tenseur métrique gravitationnel $g_{\mu\nu}$ entre par la dérivée covariante etc. λ est une nouvelle constante universelle qui donne l'échelle du niveau d'espacement des hyperons. Les équations de champ devraient bien entendu être quantifiées. Il faudrait prendre les valeurs propres et résoudre les équations semi-classiques. Le tenseur de création $C_{\mu\nu}$ doit être l'intégrale bilinéaire des champs Φ et Ψ peut avoir aussi des termes croisés sous la forme $\int \Phi \bar{\Psi} \Psi (doc)$

Ces équations sont difficiles à résoudre pour l'instant pour le siècle termine, mais avec les ordinateurs lorsqu'elles seront résolues donneront la distribution d'énergie créée et mèneront aux questions pratiques.

Interaction - Gravité - Chaleur -

Nous savons qu'une action gravifique sur un objet, une matière ou une substance ou un alliage produit de la chaleur.

Si nous prenons une petite surface circulaire sur l'alliage le flux gravifique sur celle-ci peut s'exprimer par le théorème de Gauss : $4\pi M$ où M représente la masse de toutes les particules sous la surface.

On peut essayer de transformer cette expression en chaleur

CµV ist eine Funktion der Variablen des Hyperonenfeldes (Feldvariablen des Hyperons?) und der Felder κ, ψ und ϕ. Man sieht also, dass diese beiden Gleichungen auf zwei Arten verbunden sind: Der Erzeugungsterm $C_{\mu v}$ hängt von den Variablen ψ und ϕ ab, während der metrische Gravitationstensor $g_{\mu v}$ über die kovariante Ableitung eingeht etc. Λ ist eine neue universelle Konstante, die die Skala des Niveaus des Hyperonenabstandes angibt. Die Feldgleichungen müssen selbstverständlich quantifiziert werden. Dafür muss man Anfangswerte nehmen und die semiklassischen Gleichungen lösen. Der Erzeugungstensor $C_{\mu v}$ muss das bilineare Integral der Felder ϕ und ψ sein (und) kann auch Kreuzterme der Form $\int \varphi \bar{\psi} \psi$ enthalten (dx).

Diese Gleichungen sind im Augenblick für die irdische Wissenschaft schwierig zu lösen, ergeben aber mit Computern gelöst die Verteilung der erzeugten Energie und führen zu praktischen Fragen.

Wechselwirkung. Gravitation. Wärme

Wir wissen, dass eine Schwerkrafteinwirkung auf ein Objekt, eine Materie oder eine Substanz oder eine Legierung Wärme erzeugt.

Wenn wir eine kleine kreisförmige Oberfläche auf der Legierung nehmen, kann der Schwerkraftfluss durch diese Fläche mit dem Gaußschen Theorem ausgedrückt werden: $4 \pi M$ oder μ das die Masse von allen Teilchen unter der Oberfläche darstellt.

Man kann versuchen diesen Ausdruck in Wärme umzuformulieren.

En reprenant la loi d'Einstein reliant la masse à l'Énergie

$$M = m_0 + \frac{T}{c^2}$$ où T = énergie cinétique
m = masse initiale
c = vitesse lumière

on a $4\pi M = m_0 + \frac{T}{c^2}$ $m_0 + \frac{m_0 V^2}{2c^2}$

mais $\frac{V^2}{c^2}$ est une fraction inférieure à l'unité, $M = m_0 + \frac{m_0}{2K}$

dans le cas limite où $V = c$ $M = m_0\left(1 + \frac{1}{K}\right)$ pour tous les autres

cas : $4\sqrt{\frac{22}{7}}M = m_0\left(\frac{K+1}{K}\right) K \neq 0$ M devrait être précédé du
facteur de conversion $1/K$ mais
si on l'insère il ne modifie pas le résultat.

Donc la gravité peut produire de la chaleur mais ceci peut être annulé suivant le cas par d'autres moyens plus artificiels pour les terriens. On peut souligner que dans un champ gravitationnel, sur cette planète les lignes d'écoulement et les lignes de descente sont géodésiques ―

Anomalies de Poids masse ―

Pour établir le rapport poids masse des protons ou des électrons, normalement puisque l'on connait déjà le rapport d'un proton + un électron, l'établissement du rapport de l'une ou l'autre particule devrait suffire. Or la difficulté que pose cette mesure dérive de la déflection gravitationnelle d'une particule chargée dans une expérience terrestre à l'influence du neutron et de l'atome neutre vient du fait que les forces électriques sont plus importantes que les forces gravitationnelles. Par ex. un électron à 5 cm de distance du 2ème électron exerce autant de force sur cet électron

Wenn man das Einsteinsche Gesetz heranzieht, das die Masse mit der Energie verknüpft

$M = m_0 + \dfrac{T}{c^2}$ worin T = kinetische Energie

M = initiale Masse

C = Lichtgeschwindigkeit ist,

Dann hat man

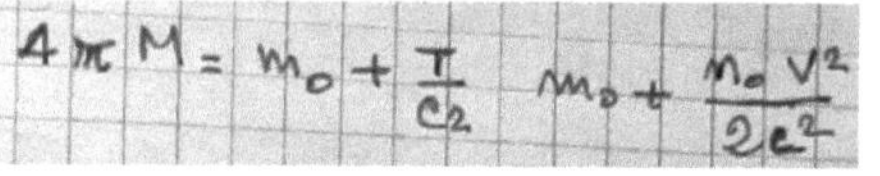

Immer π = 22/7 nehmen, 3.14159 ist <u>falsch</u>

Aber $\dfrac{v^2}{c^2}$ ist ein Bruch, der kleiner als 1 ist: $M = m_0 + \dfrac{m_0}{2K}$

Im Grenzfall, wenn v=c $M = m_0\left(1 + \dfrac{1}{K}\right)$ hat man Formel in allen anderen Fällen gilt

$4\pi m = m_0\left(\dfrac{K+1}{K}\right)$ $K \neq 0$ Vor M müsste der Umrechnungsfaktor 1/kappa stehen, aber wenn man ihn einfügt, ändert er nichts an den Ergebnissen.

Folglich kann die Gravitation Wärme produzieren, aber diese könnte vernichtet werden, in einigen Fällen jedoch mit anderen Mitteln, die schwieriger für die Erdenbewohner sind. Wichtig ist, dass in einem Gravitationsfeld auf diesem Planeten die Gravitationsfeldlinien und die Wasserablauflinien geodätisch sind.

Anomalien von Gewicht und Masse

Um das Verhältnis von Gewicht und Masse in Protonen oder Elektronen aufzustellen, müsste es normalerweise, da man bereits das Verhältnis von einem Proton und einem Elektron kennt, ausreichen das Verhältnis von dem einem zu dem anderen Partikel aufzustellen oder *[unklar]* die Schwierigkeit, die diese Herleitung der Gravitationsablenkung eines geladenen Partikels in einem ähnlichen Experiment auf das Experiment des Neutrons und des neutralen Atoms stellt unter Berücksichtigung des Faktes, dass die elektrischen Kräfte stärker sind als die Gravitationskräfte. Zum Beispiel übt ein Elektron in 5m Entfernung zum zweiten Elektron genauso viel Kraft auf das Elektron aus

que le champ gravitationnel. Ainsi des electrons ou des ions parasites que l'on trouve toujours sur les parois d'un appareil peuvent exercer une force suffisante pour effacer la force gravitationnelle.

Un autre problème est le champ magnétique terrestre — Les electrons de quelques volts, subissent du champ terrestre: une force des milliards de milliers de fois plus importante que la déflection gravitationnelle — on peut eviter ce problème par la mesure statique du rapport tel le pesage de matière ionisée une difficulté se présente quant à la grande proportion de matière ionisée ou non dans l'echantillon à peser. Il faudra que les labos trouvent un nouveau moyen pour mesurer le rapport masse poids du proton ou de l'electron.

Cette mesure mettra en evidence un écart par rapport à la loi du rapport constant de poids et de masse.

Une fois cette anomalie démontrée, on pourra decouvrir un materiau qui subira des effets inhabituels dans un champ gravitatel

Sur l'erreur d'Einstein —

L'erreur fondamentale d'Einstein consiste dans la relativité la question de la 'Lumière'. une forme ondulatoire qui n'expliquait pas pourquoi et comment la lumière peut se propager a travers un espace apparemment non inertiel —

Avec son Ami Schrödinger il a pu rectifier et construire une théorie totale de l'univers — appelé — Théorie des champs unifiés — mais qui n'est pas encore résolue

wie das Gravitationsfeld. Genauso können Stör-Elektronen und Stör-Ionen, die man immer an den Seitenwänden eines Apparates findet, eine ausreichend große Kraft ausüben, um die Gravitationskraft aufzuheben. Ein anderes Problem ist das irdische Magnetfeld. Elektronen von einigen Volt unterliegen dem irdischen Feld, einer Kraft die Milliarden von Millionen mal wichtiger ist als die Gravitationsablenkung. Man kann dieses Problem durch statische Messung des Verhältnisses wie z.B. der Messung der ionisierten Materie vermeiden, ein Problem ergibt sich aus dem großen Anteil an ionisierter und nicht ionisierter Materie in der zu wiegenden Probe: Die Laboratorien müssen ein neues Mittel finden um das Massenverhältnis von Elektron und Proton zu messen. Ist diese Anomalie est mal bestätigt, kann man ein Material erfinden, das ungewöhnlichen Effekten des Gravitationsfeldes unterliegt.

Über den Fehler Einsteins

Der fundamentale Fehler Einstein *[Verb unleserlich: stecken? kennen? verbinden?]* in der Relativität der Frage des Lichts *[?]*: eine wellenartige Natur, die nicht erklärt, warum und wie sich das Licht durch den offenbar nicht inertialen Raum ausbreiten kann.
Mit seinem Freund Schrödinger konnte er eine vollständige Theorie der Existenz berichtigen und ausarbeiten. Diese Theorie, die einheitliche Feldtheorie genannt wird, ist aber

sur cette terre dans l'état actuel de la Science.
Cette théorie commence à entrevoir la liaison entre
la gravitation et la force nucléaire .. d'où l'interaction
gravité chaleur dont j'ai parlé 2 paragraphes plus haut.
La relation de cette théorie des C.N. .. est en réalité un pont
ou un tenseur de création pour relier l'énergie des champs
nucléaires à celles des champs gravitationnels par des matrices
covariantes — soit .

$$R_{\nu\nu} - 0.5\,g\,R = 8\,\sigma\,K\,T_{\nu\nu}$$

$R_{\nu\nu}$ = tenseur de courbure de l'espace sub euclidien a 10 composantes
de Ricci

$g_{\nu\nu}$ = tenseur métrique —

R = composante scalaire de Ricci choisie

K = constante universelle proportionnelle a la constante gravitationnelle
de Newton

π = la constante habituelle —(fausse) il faut prendre $\left(\dfrac{22}{7}\right)$ —

$T_{\nu\nu}$ = les composant (potentiels) du tenseur énergie {contrainte} —

Tant que les derniers continueront l'emploi de $\pi = 3.14159$ ...ce sera
tant
Lorsque les derniers auront compris et énoncé correctement
la théorie des champs unifiés — elle expliquera pourquoi le
proton possède exactement 1836 fois la masse gravitative
d'un electron, pourquoi il n'y a pas de méson mu neutre
de masse 200, pourquoi (h) est une K et pourquoi hc/e^2
est toujours egal a 137 — mais s'en serviront ils pour
le bien des autres ?

auf dieser Erde und zum gegenwärtigen Stand der Wissenschaft
noch nicht gelöst. Diese Theorie lässt die Beziehung zwischen der
Gravitation und der starken Wechselwirkung erahnen, aus der sich
die Wechselwirkung von Gravitation und Wärme herleiten lässt, von
der ich zwei Seiten weiter oben gesprochen habe. Die <u>Beziehung
der einheitlichen Feldtheorie ist in Wirklichkeit ein Ausgangspunkt
oder Ausgangstensor, um die Felder der starken Wechselwirkung
mit Gravitationsfeldern über passende Matrizen zu verknüpfen.</u> –
Es sei:

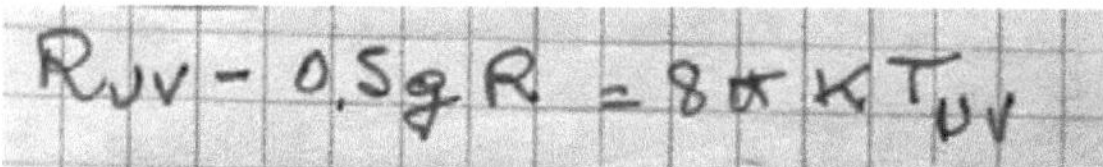

R_{uv} = Krümmungstensor des *[unleserlich]* Raumes mit 10 Ricci-
Komponenten

g_{uv} = metrischer Tensor

R = ausgewählte skalare Ricci-Komponenten

K = universelle Konstante proportional zur Gravitationskonstante
von Neutronen

π = die übliche Konstante. (<u>falsch</u>.) Man muss $\frac{22}{7}$ nehmen

T_{uv} = die (Potential-) Komponenten des Energieerhaltungstensor
Solange die Erdenbürger weiterhin mit π = 3.141559… arbeiten,
wird es falsch sein. Sobald aber die Erdenbürger die einheitliche
Feldtheorie verstanden und korrekt formuliert haben, wird sie erklären warum die Protonen genau 1836 mal schwerer als Elektronen
sind, warum es kein neutrales µ meson der Masse 200 gibt, warum
(h) eine Konstante ist und warum hc/e² immer gleich 137 ist. Aber
werden sie dieses Wissen zum Guten nutzen?

Théorie de la constitution de l'Espace et de la Matière
d'après mon connaissances "cosmique"

____

Comme je l'ai expliqué dans les précédents paragraphes.
Sur la théorie terrestre des forces gravifiques et nucléaires.
Nous connaissons ce que nous appelons la Résonance
Nucléaire, mais pour cela il faut comprendre la
constitution de l'Espace et de la Matière suivant nos concepts.

Supposons un ensemble numériquement réduit d'atomes
de Molybdène - par ex. MO, MO_2, MO_3 ....Mo_{114} dont les
Noyaux présentent la particularité en un instant déterminé
d'avoir une configuration identique de leurs niveaux énergétiques se referant a la distribution des nucléons. Le fait
que les niveaux quantiques de leur force électronique soit
différents ou que les orbites de ceux-ci soient répartis dans
un quelconque enchaînement chimique nous fait dire alors
que ces atomes sont en résonance

Nous savons aussi qu'un quelconque corpuscule atomique (
neutron proton meson & etc) est en réalité une projection
différente, dans un cadre tridimensional, d'une même
entité mathématique que nous appelons modèle d'entité
physique élémentaire. Je n'ai qu'un seul niveau où nous accordons
dans l'Univers l'attribut de vrai a l'entité en question -
Vous pouvez vous imaginer cette entité comme un faisceau
ou paquet d'"axes ideaux" dont les différentes orientations
polydirectives donneraient lieu a ce qu'un quelconque physicien
interprète ce "faisceau" aux multiples points orientées certaines
fois comme un quantum, d'autres fois comme une masse

Theorie der Beschaffenheit des Raumes aus Materie nach unseren „kosmischen" Kenntnissen

Es ist, wie ich in den vorangegangenen Paragraphen über die irdische Theorie der starken Wechselwirkung und der Gravitation erklärt habe. Wir kennen das, was wir die Kernresonanz nennen, aber dafür muss man die Beschaffenheit des Raumes und der Materie gemäß unseres Konzepts verstehen.

Nehmen wir ein Ensemble aus numerierten (?? adjektiv unleserlich) Molybdänatomen –z. B. Mo1, Mo2, Mo3, ... Mo114 deren Kerne die Besonderheit aufweisen *[?? ?? ??]* bestimmt *[3 Worte unklar, beziehen sich vermutlich auf die Besonderheit und erläutern sie näher]*, eine identische Konformation ihrer Energienivaus zu haben, die sich auf die Verteilung der Nukleonen bezieht. Der Fakt, dass die Quantenniveaus ihrer elektromagnetische Wechselwirkung verschieden sind oder dass die Orbits der Nukleonen in einer Art *[??? adjektiv unleserlich]* Verschränkung verteilt sind, führt uns zu dem Schluss, dass die Atome in Resonanz sind.

Wir wissen auch, dass ein Atomteilchen (Neutron, Proton, Meson, k, etc.) in Wirklichkeit eine Projektion ist, im dreidimensionalen Fall nennt man eine solche mathematische Entität elementares physikalisches Entitätsmodel, bis zu dem Niveau wo wir im Universum das Attribut der Wahrheit der in der Debatte befindlichen Frage gewähren.

Sie können sich diese Entität wie ein Bündel oder Paket von „idealen Achsen" vorstellen, deren unterschiedliche polydirektive Ausrichtungen dafür Platz machen, das irgendein Physiker dieses „Bündel" als multiple orientierte Punkte einerseits als Quantum andererseits als Masse,

charge électrique, moment orbital etc... Elles représentent
en réalité les différentes orientations axiales de l'entité mathém.
de la même manière que les différents tons chromatiques (orange indig.
cian) ont comme base une fréquence différente dans le spectre
électromagnétique —

Essayons par exemple de désorienter au sein de l'atome MO_1, un
seul nucléon (un proton par exemple) il peut arriver que l'inversion
ne soit pas absolue, dans ce cas l'effet observable par vous sera
la conversion de la masse du proton en Énergie

$$\Delta E = m C^2 + K .$$ m étant la masse du Proton
   K la constante   -

On obtient alors un isotope de NIOBIUM —
Mais nous pouvons forcer la désorientation des axes soit l'inversion
absolue d'une manière telle que votre physicien observateur
verrait que le proton semble avoir été annihilé sans libération
d'énergie — Ce phénomène contredit le principe terrestre
des physiciens de conservation de masse et d'énergie (certains
Physiciens terrestres commencent à entrevoir ce phénomène).
en effet quelques terriens émettant les hypothèses formulées sur
l'actuelle création de la matière dans l'Univers est basée sur
le fait qu'effectivement cette entité mathématique dont les ensembles
s'inversent totalement dans le cadre tridimensionnel étant
observable par ceux qui y vivent —
Vous observerez alors un atome de Niobium louisé —
Sans aucun doute le reste des $N-1$ atomes de MO ont subi
une altération dans leurs niveaux énergétiques nucléaires de
manière que l'énergie nucléique de chacun de ces atomes se
développe en .
$$\sum (\Delta E - K) = \sum_{i=1}^{i=N-1} \frac{\frac{\omega}{R_1^3}}{\frac{\omega}{R_2^3}}$$
   R_1 distances radiale
   à l'atome de NO
   de chacun de ceux
   qui restent

Vérifions que .

elektrisches Feld, Drehmoment, … etc interpretiert. Die verschiedenen Orientierungen stellen in Wirklichkeit unterschiedliche axiale Positionen der [adjektiv] Entität dar auf dieselbe Art wie unterschiedliche Farbtöne (orange, indigo, cyan) auf unterschiedlichen Frequenzen des elektromagnetischen Spectrums beruhen.

Versuchen wir durch ein Beispiel aus dem Inneren des Atoms Mo1 ein einzelnes Nukleon abzulenken, dann kann es vorkommen, dass die Umkehrung nicht vollständig ist, in diesem Fall ist der von Ihnen beobachtete Effekt die Umwandlung der Masse des Protons in Energie.

m ist die Masse des Protons
K ist die Konstante.

Folglich erhält man ein Niobisotop.

Aber wir können die Vertauschung der Achsen erzwingen, durch die Inversion einer Materie die von der Art ist, dass ihr beobachtender Physiker sieht, dass das Proton annihiliert worden zu sein scheint, ohne dass dabei Energie freigesetzt wurde. Dieses Phänomen widerspricht der Massen- und Energieerhaltung (einige irdische Physiker beginnen das Phänomen zu erahnen).

Tatsächlich haben einige Erdenbürger Hypothesen über die eigentliche Entstehung von Materie im Universum aufgestellt, und vermuten, dass diese darauf beruht, dass *[ein Wort unlesbar]* die mathematische Entität deren Ensembles sich im dreidimensionalen Fall vollständig umkehren von denen beobachtet werden können, die hier leben.

Sie sehen also ein ionisiertes Niobaatom. Zweifellos hat der Rest der n-1 Mo Atome eine Veränderung ihrer nuklearen Energieniveaus erfahren, dass die nukleare Energie eines jeden dieser Atome sich wie folgt entwickelt lässt:

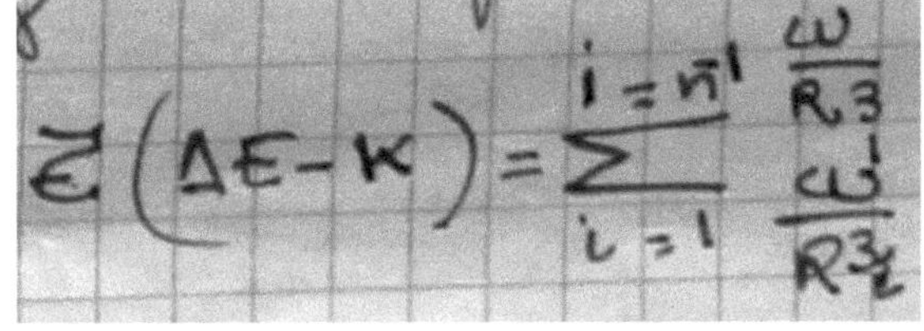

R1 radiale Entfernung zum No Atom von jedem der ruhenden Atome

[Wort unlesbar].

14   W et Z = K. du système dont les valeurs sont fonctions non seulement
de n mais aussi des structures des noyaux de R,

L'énergie transférée aux noyaux des atomes qui restent par cet effet de resonance est quantifiée de manière a pouvoir arriver a être nulle pour un atome de l'ensemble situé a une distance R supérieure a un seuil défini

Ainsi si nous arrivons a exciter un atome de Mo. situé dans un organe emetteur (?) en ... un de nucléons nous noterons dans un organe recepteur ? contenant en autre Mo2 une alteration quantique de ce dernier d'autant plus elevé qu'il y aura moins d'atomes parasites en resonance a proximité. Il faut preciser que le transfert d'energie ne se fait pas grâce a un champ excitateur afin que le temps de transmission soit nul (nous parlons alors de vitesse de transference ou de flux informatif (infinie)

Ce principe de physique faciliterait apparemment la mise au point d'un système d'information "instantané" a d'enormes distances interplanetaires pour qu'un message ne mette pas plusieurs années lumière terrestre pour arriver a destination -

Mais tous ces principes "scientifiques" au sens terrestre peuvent être plus facilement resolu par la connaissance directe des fréquences en se mettant en accord direct avec notre "mental" dit "psychique" seule avec ce que les terriens appellent la clairvoyance peut aider a comprendre ce genre de phénomène naturel pour nous - Plus notre constitution atomique augmente de fréquence et plus l'espace et le temps diminuent - jusqu'a arriver au ... 0 -
(voir graphique des courbes hyperboliques)

W und Formelzeichen = k *[oder kappa?]* des Systems dessen Werte Funktionen nicht nur von n sondern auch von neuen Strukturen von R_1 sind.

Die im Mittel durch diesen Resonanzeffekt übertragene Energie der ruhenden Atome lässt sich so berechnen, dass für ein Atom des Ensembles, das sich in einer Distanz R größer als ein definierter Schwellenwert befindet, Null herauskommt.

Das heißt, wenn es uns gelingt ein Mo-Atom, das in einem Emitter (P) sitzt, so anzuregen, dass es eines der Nukleonen emmittiert, werden wir in einem Empfänger τ, der ein anderes Mo_2-Atom enthält, eine Änderung des Quantenzustandes messen, die umso größer ist, da es weniger favorisierte Atome in Resonanz in der Nähe gibt. Um es präziser auszudrücken: der Energietransfer passiert nicht durch ein Anregungsfeld damit die Transmissionszeit Null würde (wir sprechen hier von der Geschwindigkeit der Übertragung oder des (unendlichen) Informationsflusses).

Dieses physikalische Prinzip erleichtert offensichtlich die Fokussierung eines „instantanen" Informationssystems auf (Wort nicht lesbar) interplanetaren Distanzen damit eine Nachricht nicht mehr mehrere Lichtjahre braucht um am Bestimmungsort anzukommen.

Aber alle diese im irdischen Sinn „wissenschaftlichen" Prinzipien könnten viel einfacher aufgelöst werden, wenn man die Frequenzen kennen würde, indem man sich in Verbindung mit unserem „Mentalen", oder „(Wort nicht lesbar evtl Peripheren)" setzt. Nur das, was die Erdenbürger das Hellsehen nennen, kann uns dabei helfen diese Art von Naturphänomenen zu verstehen. – Je mehr unserer Atomanordnung in ihrer Frequenz steigt, umso mehr nehmen der Raum und die Zeit ab – bis dass p+0 wird. – (siehe Bild der hyperbolischen Kämme).

A ce moment là, on laisse le monde des formes 45
pour celui de l'énergie pure, ce que les terriens
appellent le monde divin ou spirituel au sens propre
de l'Esprit. l'ÊTRE unique de l'Univers ÉNERGIE.
La résonance nucléaire citée plus haut découle de
cette connaissance des différentes fréquences et de leur
emploi à volonté par la discrimination mentale
qui est elle-même l'énergie universelle.
L'Énergie est quantifiée mais la magnitude "Distance"
l'est aussi.

Le Concept de Temps.

L'écoulement du temps introduit pour l'homme de
la Terre une perception de type psychologique. Il
s'agit d'une illusion. Au sein de l'organisme se
produit toute une série complexe de phénomènes pério-
diques, de la circulation sanguine jusqu'au processus comme
le métabolisme des graisses. Si nous fermons les yeux, nous
continuons à percevoir que le temps s'écoule grâce à la
périodicité rythmique de ces milliers de phénomènes
physiologiques.
Mais le concept du temps pour le physicien de
la Terre diffère à un niveau élevé de la perception
analysée par les psycho-biologistes. Les terriens
considèrent le Temps comme une dimension, du moins
en est-il ainsi accepté par les adeptes de la théorie
relativiste d'Einstein.
Notre concept de Temps a Nous "Extra terrestres"

Jetzt lassen wir die Welt der *[?? Wort unleserlich, Formen?]* beiseite und widmen uns der reinen Energie, die die Erdenbürger als göttliche Welt oder spirituelle Welt, im eigentlichen Sinn von Geist, bezeichnen. Das einzigartige SEIN des ENERGIE Universums. Die Kernresonanz von der ich weiter oben sprach, entspringt der Kenntniss der verschiedenen Frequenzen und ihres Gebrauchs durch den Willen durch die mentale Des??ation die selbst die universelle Energie ist. Die Energie ist gequantelt aber die Größe „Abstand" ist es auch.

Das Konzept der Zeit

Das Verrinnen der Zeit stellt für den Erdenmenschen eine Wahrnehmung psychologischer Art dar. Es handelt sich um eine Illusion. In seinem Inneren stellt der Organismus eine ganze komplexe Serie an periodischen Phänomenen her, vom Blutfluss bis zu Prozessen wie dem Fettmetabolismus. Wenn wir die Augen schließen, nehmen wir dank der rhythmischen Periodizität von tausenden dieser physiologischen Phänomene weiterhin wahr, dass die Zeit vergeht.

Aber das Konzept der Zeit des irdischen Physikers unterscheidet sich auf einem höheren Niveau von der Wahrnehmung, die von den Psycho-Biologen analysiert wird. – Die Erdenbürger betrachten die Zeit als eine Dimension zumindest ist das gemeinhin bei den Anhängern der Einsteinschen Relativitätstheorie akzeptiert.

Das Konzept von uns „Außerirdischen"

différent et présente des facettes nouvelles qui vous sont inconnues — En premier lieu nous ne considérons pas le temps comme une dimension ou continuum comme vous le faites — Ce n'est pas que le Temps soit quantifié mais on ne peut concevoir un instant comme un point dans l'axe du Temps. L'intervalle dt bien qu'il puisse tendre vers 0, ne pourra jamais être conçu aussi petit qu'on le voudra —

Il existe un plus un aspect lié a cette question que je tiens à souligner — Vous considérez que la + grande vitesse que puisse atteindre une sub particule dans le cosmos est de 299.790 Km/s (vitesse de la lumière) et vous considérez cette vitesse comme <u>constante</u> —

Car là où se trouve l'erreur — dans votre cadre terrestre Tridimensionnel elle est valable mais il suffit de changer de cadre ou de système a 3 dimensions pour que cette vitesse change totalement jusqu'au point où l'unique référence qui puisse refléter le changement d'AXE sont précisément la mesure de cette vitesse ou ensemble C.

Nous aurons alors une famille de valeurs :
c_0 c_1 c_2 c_3 .... c .... c_n
qui s'étend de $C_n = 0$ a $C_{11} = \infty$ chacun représentant un système référentiel défini

Dans un premier cas (vitesse de la lumière nulle) je vous dirai, en avançant des concepts que des phénomènes déterminés que vous associez a la "parapsychologie" se produisant comme par ex : les communications télépathiques etc...

unterscheidet sich und weist Facetten auf, die Ihnen unbekannt sind. Zunächst betrachten wir die Zeit nicht als Dimension oder Kontinuum, wie Sie das tun. Das heißt nicht, dass die Zeit nicht quantifizierbar ist, aber man kann einen Augenblick nicht als einen Punkt auf der Zeitachse auffassen. Das Intervall dt, gleichwohl man es gegen Null laufen lassen kann, kann niemals so klein werden, wie man es sich wünscht.

Es gibt darüber hinaus einen Effekt der mit der Frage verbunden ist, die ich eben unterstrichen habe. Bedenken Sie dass die größte Geschwindigkeit die ein Subpartikel im Kosmos erreichen kann 299780 km/s ist (Lichtgeschwindigkeit) und betrachten Sie diese Geschwindigkeit als <u>konstant</u>.

Darin besteht der dumme Fehler. Im irdischen dreidimensionalen Fall ist es gültig aber es reicht aus die Umgebung oder das System mit drei Dimensionen zu ändern, damit sich die Geschwindigkeit völlig verändert bis zu dem Punkt, wo die einzigartige Folgerung, die die Veränderung der ACHSE abbildet, die genaue Messung der Geschwindigkeit oder des Ensembles c ist.

Wir haben also eine Menge an Werten

c_0 c_1 c_2 c_3 .... c_i .... c_{ii}

die sich von $c_n = 0$ bis $c_{ii} = \infty$ erstreckt, jede Geschwindigkeit repräsentiert ein definiertes Referenzsystem.

In einem ersten Fall (Lichtgeschwindigkeit = 0) sagte ich Ihnen bei der Vorstellung der Konzepte, dass ganz bestimmte Phänomene die Sie mit der „Parapsychologie" assoziieren auf diese Weise passieren, z.B. die telepathische Kommunikation etc. ...

Le cosmos analysé sous ce système tridimensionnel 17
de référence présente une uniformité absoolie ou si vous
préférez une Entropie maxima —

Dans le cas limite de la vitesse lumière ∞, le Cosmos
peut être considéré comme non existant car on peut l'as-
-similer à une identification de toutes les entités mathématiques avec lui même c'est à dire a 1 seule entité qui
n'a pas de réalité physique —

Remarquez qu'Einstein avait conçu un Univers qui
d'une certaine manière n'est pas très éloigné de celui que
je décris. Mais il faut substituer le continuum Espace
Temps par l'ensemble sensé des entités mathématiques —
De plus Einstein était en accord sur certains autres points
essentiels — Mais Einstein ignorait aussi que ce qu'il
considérait comme vitesse constante de la lumière ne
l'était que dans un système de référence possible
Il ignorait qu'il y avait plus de cadres tridimensionnels
que celui qui vous est familier.

Notre conception du Cosmos explique certaines con-
tradictions que les physiciens de la Terre ont cru voir
entre la mécanique Quantique et la conception relativiste.

Non seulement l'Energie est quantifiée (sur ce pt vos
physiciens ne se sont pas trompés) mais la magnitude "Distance"
l'est aussi — Il n'est pas possible de distinguer une "quantité
sensée" de longitude d'un ordre inférieur a 12^{-13} centimètres.
(relation angulaire entre 2 concepts mathematique connexes (liés)
Et précisément une particule subatomique qui a comme
base une entité mathematique et un autre connexe.

Wird der Kosmos mit dem dreidimensionalen Referenzsysten analysiert, so weist er eine absolute Gleichförmigkeit oder wenn Sie möchten, eine maximale Entropie auf.

Im Grenzfall der ∞ {unendlichen} Lichtgeschwindigkeit kann der Kosmos als nicht existenter Fall betrachtet werden, man kann ihn annähern an eine Identifikation aller mathematischen Entitäten mit sich selbst, das heißt mit einer einzigen Entität, die keine physikalische Realität hat.

Beachten Sie, dass Einstein ein Universum ersonnen hat, das auf eine gewisse Weise nicht weit entfernt von jenem ist, was ich beschreibe. Aber man muss das Raum-Zeit-Kontinuum durch das einsichtigere Ensemble an mathematischen Entitäten ersetzen. Außerdem lag Einstein mit einigen anderen wesentlichen Punkten richtig. Aber Einstein wusste auch nicht, dass das was <u>er als konstante Lichtgeschwindigkeit ansah, in einem anderen möglichen Referenzsystem dies nicht war</u>. Er wusste nicht, dass es mehr als den dreidimensionalen Fall gibt, mit dem Sie vertraut sind.

Unser Verständnis vom Kosmos erklärt einige Widersprüche, die die irdischen Physiker zwischen der Quantenmechanik und dem Konzept der Relativität zu sehen glaubten.

Nicht nur die Energie ist gequantelt (in dieser Tatsache haben sich eure Physiker nicht getäuscht), sondern auch die Größe „Entfernung" ist es. Es ist nicht möglich eine „vernünftige Quantität" der Länge mit einer Größenordnung von unter 12^{-13} cm anzugeben. ([*Es existiert ? ergänzt*] eine Winkelbeziehung zwischen dem mathematischen Konzept der Verbindungen und genau einem subatomaren Partikel, das eine mathematische Entität und eine anderen Verbindung als Basis hat. *[Klammer zu fehlt]*

j'emploie le terme connexe n'en trouvant pas au niveau
terrestre, car le terme adjacent suggererait un positionne-
ment de l'entité mobile et si cette entité existe on ne peut
la positionner.

En étudiant la véritable nature des corpuscules ou
entités que vous appellez, Protons, Mesons, Neutrinos,
Electrons ...etc... nous avons découvert qu'il s'agit
en réalité de petites déformations de l'Espace appelé
à tort tridimensionnel dans l'Axe d'autre dimension
l'interprétation de telle particule dépendra du
Système de référence dans lequel se trouve l'observateur.
C'est pour cela que les physiciens de la terre sont si
perplexes en découvrant des centaines de corpuscules
atomiques dont la série semble ∞. En réalité
vous poursuivez des fantasmes comme si vous
vouliez attraper les reflets projetés sur le mur
par un prisme éclairé par le soleil —

Ce point sur la recherche terrestre est que dans
le domaine de la Physique quantique et nucléaire
vous continuez à analyser les différentes caractéristiques
de ces corpuscules en faisant l'erreur de les considerer
comme des entités différenciées —

La permutation d'un corpuscule en un autre que
vous ne savez pas encore maitriser n'est qu'un
changement d'Axe c'est à dire un changement
de DIMENSION ou encore de FRÉQUENCE —
C'est ce que savaient faire vos vrais alchimistes —
Quand la Masse d'un Proton disparait
devant vous pour se convertir en Energie, c'est
que votre Axe a subi un Virage de 90° dans

Ich verwende den Ausdruck Verbindung nicht so wie er auf der Erde verwendet wird, denn der Ausdruck nebeneinanderliegend suggeriert eine Positionierung der Mathe-Entität und wenn diese Entität existiert, kann man sie nicht positionieren.

Beim Studium der wirklichen Natur der Teilchen oder Entitäten, die Sie Protonen, Mesonen, Neutrino, Elektronen ... etc. nennen, haben wir entdeckt, dass es sich dabei um kleine Verformungen des Raumes handelt, sogenannt einen dreidimensionalen Twist in der Achse der anderen Dimensionen. Die Interpretation solcher Teilchen hängt vom Referenzsystem ab, indem sich der Beobachter befindet. Deshalb sind die irdischen Physiker so erstaunt darüber hunderte atomare Teilchen zu entdecken, deren Serie nicht enden will. In Wirklichkeit verfolgen Sie Hirngespinste, als würden Sie versuchen Reflektionen zu fangen, die von einem sonnenbeleuchteten Prisma auf eine Wand geworfen werden. _

Dieser Punkt über die irdische Recherche bezieht sich nur auf die Domäne der Quanten- und Nuklearphysik. Sie analysieren unaufhörlich die charakteristischen Unterschiede dieser Teilchen und machen dabei den <u>Fehler, sie als verschiedene Entitäten zu betrachen</u>.

Die Wandlungen eines Teilchens in ein anderes, die Sie noch nicht zu behandeln wissen, sind nichts anderes als eine <u>Änderung der ACHSE</u>, das heißt eine Änderung der DIMENSION oder auch der FREQUENZ. Das wussten schon Ihre alten Alchimisten zu tun.

Wenn die Masse eines Protons vor Ihnen verschwindet um sich in Energie umzuwandeln, dann unterliegt nur Ihre Achse einer *[?? Wort unklar, müsste Verdrehung/Drehung heißen]* um 90° in

il Axe d'une des dimensions classiques de l'Espace
Mais ceci ne concerne que vous et votre système de
référence car pour un autre observateur situé dans
une 4e 5e 6e dimension c'est à dire sur une fréquence
plus élevée - il observerait le phénomène contraire :
l'énergie se concentrant pour former une particule
appelée PROTON -

Au moment où vous arriverez a contrôler,
comme nous le faisons, l'immersion homogène de
toutes les subparticules du Corps Humain ou d'un
objet quelconque, ceci devra être interprété comme
le Passage d'un Système référentiel d'Espace tridimensionnel
a un autre mais différent du premier (dématerialisation
ou vice versa)
En résumé si vous essayez d'appliquer vos
propres schémas mentaux formés dans l'orthodoxie de
la Logique formelle, et même si je vous donnais
la documentation et la formulation scientifique de
notre théorie il vous sera dans l'état actuel de
votre science et de vos conceptions [impossible] d'assimiler ces
concepts -

Tout ceci semble ennemi de la raison
Le terrien est habitué a contempler des objets délimités
par des lignes, a matérialiser mentalement des angles
délimités par des lignes et des plans et a positionner des
objets en tel point ou tel endroit -

Il faudra encore beaucoup d'efforts aux hommes
de la terre pour imaginer une entité mathématique qui ne
peut se définir par les 3 coordonnées qui définissent
dans un espace Euclidien le POINT - il aura du

der Achse einer der klassischen Raumdimensionen. Aber das betrifft nur Sie und Ihr Referenzsystem, denn für einen anderen Beobachter der sich in der 4ten, 5ten oder 6ten Dimensión befinden, das heißt bei einer höheren Frequenz, sieht das Bild gegensätzlich aus. Er beobachtet, dass sich die Energie bündelt, um ein Teilchen namens PROTON zu bilden.

In dem Moment wo Sie, wie wir das machen, die homogene Inversion von allen atomaren Teilchen des menschlichen Körpers oder eines anderen Objekts kontrollieren, wird das als Passage eines aus einem dreidimensionalen Referenzsystem in ein anderes interpretiert werden (Dematerialisierung und umgekehrt).

Alles in allem: Wenn Sie versuchen ihre eigenen mentalen Schemata anzuwenden, die sie in der Orthodoxie der formellen Logik gebildet haben, und selbst wenn ich Ihnen die Dokumentation und die wissenschaftliche Formulierung unserer Theorie gäbe, wäre es Ihnen zum aktuellen Stand Ihrer Wissenschaft und ihrer Vorstellungen unmöglich diese Konzepte anzunehmen.
Das alles scheint *[Wort unlesbar, getrieben?]* von dem Grund *[hier geht es nicht weiter]*

Der Erdenbürger ist es gewöhnt über Objekte nachzudenken, deren Grenzen durch Linien gegeben sind und sich gedanklich Winkel vorzustellen, die durch Linien und eine Ebene gegeben sind und er ist es gewöhnt die Objekte an diesen oder diesen Ort zu stellen.

Es braucht viel Anstrengung von den Erdenmenschen um sich eine mathematische Entität vorzustellen, die sich nicht durch 3 Koordinaten darstellen lässt, die in einem Euklidischen Raum einen Punkt definieren. Er hätte

20 mal à imaginer qu'en plus. celui ci n'a pas de masse
et qu'on ne peut lui assigner une quantité de mouvement.
qu'en outre il n'a pas d'énergie en lui même, ni de charge
électrique. car de tels concepts (Masse Énergie charge) sont
des élaborations mentales associées à une orientation
particulière de tels éléments — Un tel phénomène peut
être défini comme le non de la logique divalente c'est à dire
ce qui n'existe pas.

De plus cette entité Math n'est pas un simple particule math.
mais une réalité composée par d'étranges concepts d'Axes
(qui par conséquent ne soit pas de tels Axes) qui serviront pour
ébaucher une nouvelle hypothèse de Conception Physico-Cosmologique

---

Schéma de contraction et expansion du Temps et de
l'espace. en fonction de la Fréquence de l'Energie Universelle

On doit calculer une double Intégrale hyperbolique
des champs Φ et Ψ d'Hyperons
Je laisse volontairement l'introduction du T° négatif
car ceci est trop dangereux pour ici —

$$\int_{-\infty}^{+\infty} \Phi \, \overline{\Psi} \, \Psi \, (dx)(dy)$$

Mühe sich darüber hinaus vorzustellen, dass diese Entität keine Masse hat,
dass man ihr nur eine gequantelte Bewegung zuschreiben kann, dass sie
außerdem selbst weder Energie noch elektrostatische Ladung hat, denn
diese Konzepte (Masse-in-Energie-Umwandlung) sind geistige Entwürfe,
die mit einer bestimmten Orientierung dieser Elemente zusammenhängen.
Ein solches Phänomen kann man wie das Nein in einer binärer Logik, also
das was nicht existiert, definieren.

Darüber hinaus ist die mathematische Entität nicht ein einfaches ma-
them. Postulat, sondern wird aus merkwürdigen Konzepten von Achsen
gebildet (die folglich nicht solche ACHSEN sind) die dazu dienen eine
neue Hypothese der Physiko-Kosmologischen Vorstellung zu skizzieren.

Schema der Kontraktion und der Expansión der Zeit und des Raumes als
Funktion der Frequenz der universellen Energie

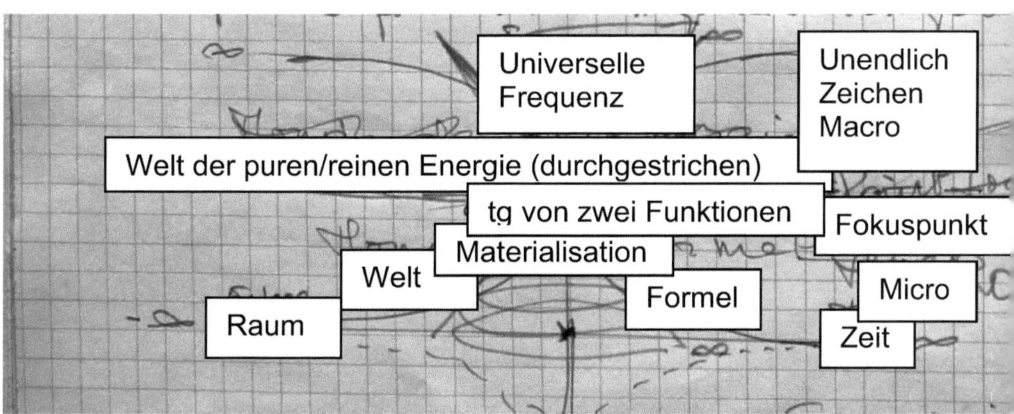

Man muss ein ~~doppeltes hypoerbolisches Integral~~ konisches Integral der
Felder von Ψ und Φ und der Hyperonen ausrechnen.
Ich lasse bewusst T und ES bei ihrer Einführung negativ, denn das ist −
$\int_{-\infty}^{\infty} \int_{-\infty}^{\infty} \Phi\Psi\bar{\Psi}\,(dx)(dy)$ zu gefährlich für hier.

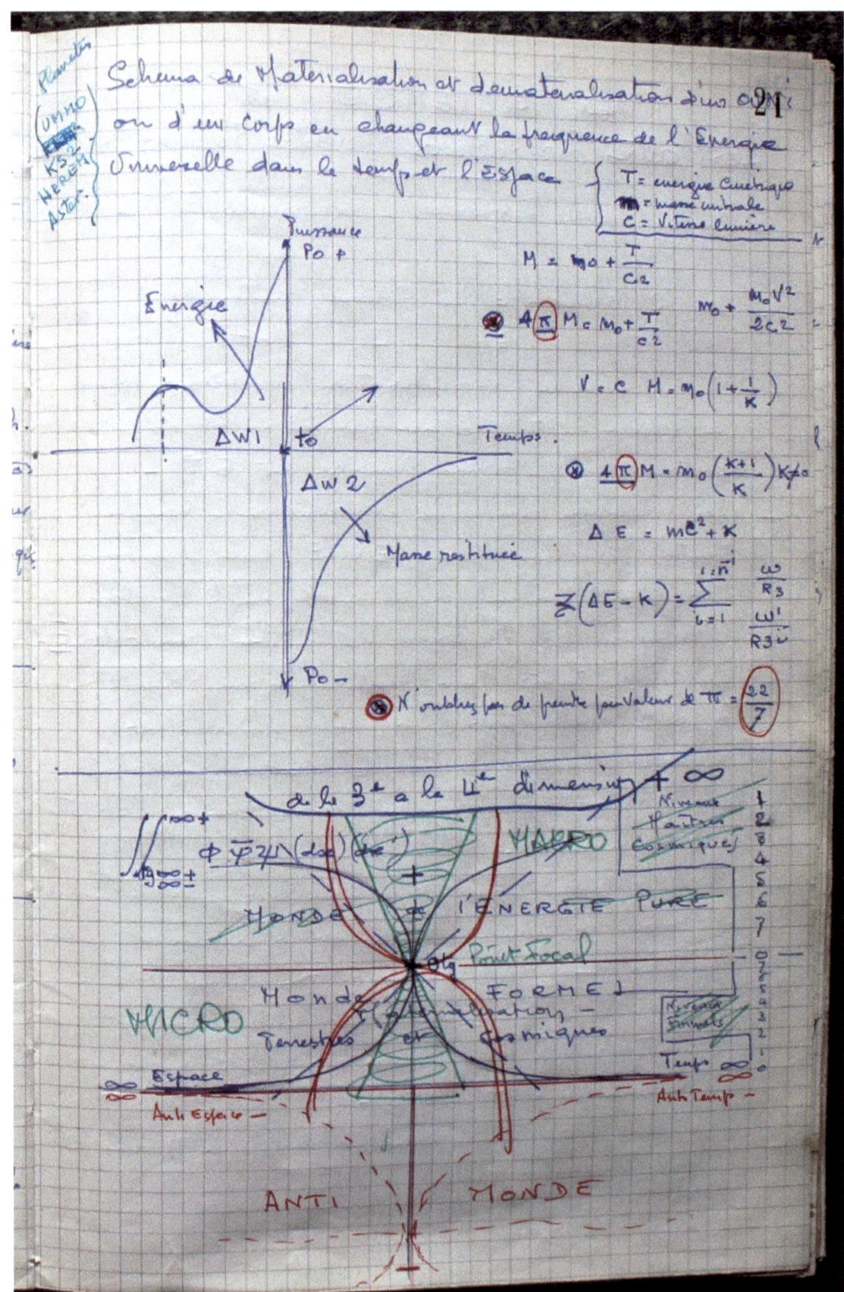

$$M = m_0 + \frac{T}{c^2}$$

$$4\pi \; M = M_0 + \frac{T}{c^2} \qquad M_0 + \frac{M_0 V^2}{2c^2}$$

$$V = c \quad M = m_0\left(1 + \frac{1}{K}\right)$$

$$4\pi \; M = m_0\left(\frac{K+1}{K}\right) K \, t_0$$

$$\Delta E = mc^2 + K$$

$$\sum(\Delta E - K) = \sum_{i=1}^{i:n} \frac{\omega}{R_3} \; \frac{\omega'}{R_3 \omega}$$

N'oubliez pas de prendre pour Valeur de $\pi = \frac{22}{7}$

46

Schema der Materialisation und Dematerialisation einer Welle oder eines Körpers durch Frequenzänderung der universellen Energie in der Zeit und dem Raum

T = kinetische Energie
M = zentrale (?) Masse
C = Lichtgeschwindig-keit

Beschriftung im Bild:
y-Achse: Leistung
x-Achse: Zeit
Pfeil nach links oben = Energie
Pfeil nach links unten = restituierte/zu-rückgegebene Masse

(Kreuz in rotem Kreis) Vergessen Sie nicht als Wert für π $\frac{22}{7}$ zu nehmen.

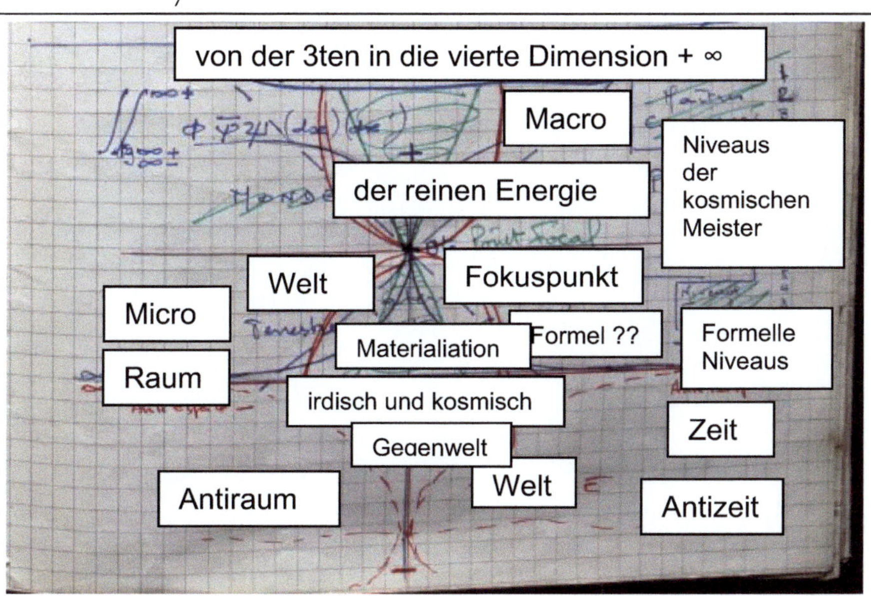

La "SCIENCE" et
les Maîtres Instructeurs Terrestres Solaires Cosmiques

- De la Science terrienne à la Science ET -

- Les 2 Sciences = La Science Matérielle
                              "Mentale" Cosmique -

- Les phénomènes et réalisation effectués par la Science matérielle au moyen d'objets construit par l'Homme Terrestre et ET -

- Les réalisation identiques exécutées par la Science Mentale (psychique) (comique) par l'ÊTRE - sans le secours d'un appareil matériel extérieurement par le vouloir de la pensée et de la concentration → l'emploi de l'E -

- De la "Mentalité" du Matérialisme Scientifique et de ses réalisations → à la réalisation des mêmes phénomènes par le "Mental" ou volonté de l'emploi de l'Énergie Universelle → par l'Évolution dite "Spirituelle".

- De la différence entre les niveaux de réalisation matériels et niveaux de même réalisation sur les fréquences supérieures "Mentales" — a) réalisation des ET en matière UFO -

      b)   —   — développés en tant qu'Instructeurs des Humanités terrestre et cosmiques - supérieurs aux ET en UFO -

      c) Technologie et "Sapience Divine"

Die Meisterausbilder der Erde, der Sonne und des Kosmos *[Meister-
ausbilder könnte auch einfach die Herren Ausbilder, also die Ausbilder heißen]*

— von der irdischen und der außerirdischen Wissenschaft

— Die 2 Wissenschaften: = die materielle Wissenschaft
                            = die mentale, kosmische Wissenschaft

— Die Phänomene und die Umsetzung, die durch die materielle
Wissenschaft mit den von Menschen und von Außerirdischen
geschaffenen Objekten ausgeführt werden

— die selbe *[?]* Umsetzung, die durch die mentale (kosmische,
physikalische) Wissenschaft durch das SEIN ausgeführt wird.
Ohne Hilfe eines materiellen Apparates, ausschließlich durch
den Willen der Gedanken und durch die Konzentration des
Gebrauch des S. *[des SEINS/WESESNs, abgekürzt, vermutlich]*.

— von der „Mentalität" des wissenschaftlichen Materialismus und
von seinen Umsetzungen bis zur Umsetzung derselben Phänomene durch den „Geist" oder Willen des Gebrauchs der Universellen Energie durch eine sogenannte „spirituelle" Entwicklung.

— vom Unterschied zwischen den Niveaus der materiellen Realisation und dem Niveau der selben Realisation *[Wort unleserlich, bei ?]* höhereren "Mentalen" Frequenzen
_a-) Realisation der ET in Form von UFOs
b) Realisation der ET *[Wort unleserlich]* soviel, dass die Führer
der irdischen und kosmischen Menschheit_
den ET des UFO überlegen *[Sinn?]*
c) Technologie und „göttliche Weisheit"

[Die gesamte Seite ist durchgestrichen]

Toute la Science terrestre occidentale est basée sur le
matérialisme dans toute sa conception terrestre : ce qui est
matière et matériel c'est à dire tout ce qui est perceptible aux
5 sens physiques. Rien d'autre n'existant en dehors de cela ! —

La Science est double : 1°) une connaissance matérielle
qui communique avec des objets matériels mais invisibles dans certains
cas aux yeux terrestres, et d'autre part une Science Mentale la
seule véritable mais qui est l'apanage des Maîtres Cosmiques
qui veillent à l'évolution des humanités incarnées dans des
vêtements physiques suivant les différentes fréquences de leur
niveau vibratoire d'évolution et de connaissance dans les différentes planètes
du cosmos.

Pour tous les phénomènes physiques matériels exécutés avec
des appareils construits par les humanités différentes du Cosmos
suivant leur évolution dans la connaissance et la forme, il
peut être réalisé des phénomènes incompréhensibles aux
yeux des humains. Ce niveau d'ignorance de ceux et dans ce domaine
certains découverts terrestres sur les infra sons qui commandent
les tremblements de terre, ou infra rouge qui produisent la chaleur
ou certaines vibrations réalisées malheureusement dans un but
militaire sur les questions nucléaires qui peuvent agir sur la force,
le climat, l'eau, ne sont plus pour les terriens de la science fiction,
ou des superstitions religieuses mais des faits réels dû au
progrès de leur connaissance technologique qui ne progresse pas de
pair comme on le voit avec la Sagesse.

Ceci est un point très important pour comprendre
l'évolution des humanités terrestres et d'ailleurs.

die gesamte irdische, westliche Wissenschaft basiert auf der/dem
Wahrnehmung des physischen Sinnes, wissenschafliche Materie und Material,
Materialismus in seiner irdischen Ausgestaltung: das was
Materie und Material ist, das heißt, das ganze/alles ~~Universum~~ was mit den 5 physikalischen Sinnen wahrnehmbar ist. *(x im Kreis)* Nichts anderes existiert außer diesem!
Die außerirdische oder kosmische Wissenschaft ist zweifach: ~~zum einen~~ materiell
(oben eingefügt: unleserlich),
wissenschaftlich das heißt mit Apparaten, die von Wesen konstruiert wurden, und
funktionierend auf
aber bei höheren Frequenzen als die die auf der Erde bekannt sind und genutzt
werden folglich mit materiellen Objekten die aus kondensierter Materie hergestellt
sind, aber die Phänomene hervorrufen, die von den Erdenbürgern als paraphysika-
lisch eingestuft werden, aber in bestimmten Fällen unsichtbar für die irdischen Augen und auf der anderen Seite eine Mentale Wissenschaft, die einzig Wahrhafte ,
die aber den kosmischen Meistern vorbehalten ist, die auf die menschliche Evolution Acht geben, die in physikalischer Gewandung inkarniert sind, oder sich die bei
unterschiedlichen Frequenzen ihrer *[adjektiv unleserlich]* Niveaus der Evolution
materialisiert haben, und der Entwicklung des Wissens in/unter den verschiedenen
Planeten des Kosmos *[Verb unleserlich, folgen?].*
Für alle physikalischen, materiellen Phänomene die mit von unterschiedlichen
Menschheiten konstruierten Apparaten ausgeführt werden, jede gemäß ihrem
Fortschritt und der Kenntnis und der Form, können Phänomene ausgebildet werden, die in den Augen der Erdenbürger unverständlich sind bzw. die das Niveau ihrer Unkenntnis in dieser Domäne zeigen. (D*arüber geschrieben:* Ey *(Zeichen)* OVNI
Dematerisalisation. oder *[Wort unleserlich]* Phänomene). Z.B. gewisse irdische Entdeckungen über den Infraschall, der Erdbeben hervorruft (*oben drüber:* in Beziehung mit bestimmten Gehirnströmen), oder das Infrarot, das Wärme produziert
(*oben drüber:* thermische Welle) oder bestimmte irdische Vibrationen, die leider
für einen militärischen Zweck bei Fragen der Kernenergie eingesetzt wurden, *(von
oben eingefügt: Aber [Verb unleserlich, zurückkehren zu?]* den zwei vorangegangenen) und konnten unter dem Zorn des Klimas, des Wassers handeln, sie sind für
die Erdenbürger nicht mehr nur Science Fiction oder religiöse Suggestionen, sondern reele Fakten die durch den Fortschritt ihres technologischen Wissens, der sich
nicht vom Fleck bewegt, wenn man ihn aus dem Blickwinkel der Weisheit betrachtet.
Das ist ein sehr wichtiger Punkt um die Entwicklung der Menschheit auf Erden und
anderswo zu verstehen.

[Die gesamte Seite ist durchgestrichen]

24) On pense normalement que si des êtres venus d'ailleurs ont une technologie très en avance sur celle de la terre, que ces êtres sont donc très évolués sur le plan mental, sentimental comme on l'entend sur la terre — Malheureusement il n'en est rien, tout au moins pour les niveaux de fréquence concernant les planètes qui ont colonisé la terre (les Terriens étant en effet de ces Colonisateurs dans leurs qualités et défauts) — Leur évolution technologique est une chose leur évolution dite "spirituelle" en est une autre. Les deux sont en progrès mais avec toujours un certain retard sur la question "spirituelle" C'est par cela qu'à différentes époques sont envoyés des Maîtres Instructeurs Cosmiques qui à différents degrés de leur hiérarchie enseignent et travaillent les progrès des mondes qu'ils sont chargés d'éduquer et de faire progresser dans la connaissance exactement comme sur votre terre, vous commencez a l'école maternelle pour finir au doctorat — et pendant tout ce temps vous passez de la classe inférieure à la supérieure et rencontrez des Maîtres enseignants de plus en plus érudits pour vous dispenser la connaissance afférente au niveau où vous trouvez — Comme vous le comprenez maintenant tous les autres Mondes sont des classes d'enseignement supérieur par rapport à la terre par lesquelles toutes les humanités doivent passer — Ceci pour les classes à formes humanoïdes telle que nous les connaissons. Ces Maîtres Instructeurs qui viennent sur les différents Mondes et en particulier sur la terre sont doués de facultés qui semblent pour des terriens des pouvoirs réservés a des dieux. ce n'est que la Connaissance Véritable, ce que les anciens appelaient la "Sapience Divine" qui consiste en la Maîtrise de l'Énergie Universelle par la Connaissance qui permet de personnifier cette Énergie et d'être DIEU — auprès des humanités ignorantes

Man *[Verb unleserlich, denkt?]* normalerweise, dass wenn Wesen *[Adjektiv unleserlich: vermutlich lokal, hier]* und anderswo eine Technologie haben, die derjenigen auf der Erde weit überlegen ist, das diese Wesen auf dem mentalen und emotionalen Gebiet sehr weit entwickelt sind, wie man es auf der Erde hört. Leider ist das nicht richtig, das gilt umso weniger für die Frequenzniveaus, die die Planeten betrifft, die die Erde kolonialisiert haben (*Einfügung von oben:* die Erdenbürger sind ein Spiegelbild dieser Kolonisten mit deren Qualitäten und Fehlern). Ihre technologische Entwicklung ist eine Sache, die sogenannte „spirituelle" Entwicklung eine andere. Die beiden schreiten voran aber immer mit einem gewissen Rückstand in den „spirituellen" Fragen. Deshalb wurden zu unterschiedlichen Zeiten die ~~Es sind die~~ kosmischen Meisterausbilder geschickt, die auf unterschiedlichen Stufen ihrer Hierarchie den Fortschritt der Welten anleiten und überwachen, mit deren Ausbildung und Voranbringen der Kenntnisse sie beauftragt sind, genau wie auf eurer Erde. Sie beginnen im Kindergarten um später einen Doktor zu machen und während der gesamten Zeit kommen Sie von der unteren Klasse in die höhere Klasse und treffen Sie auf Ausbilder die immer stärker *[Adjektiv/Adverb unleserlich]* sind, um Ihnen die offensichlichen Kenntnisse auf dem Niveau zu vermitteln, auf dem Sie sich befinden.

Jetzt verstehen Sie alle anderen Welten sind höhere Ausbildungsklassen (*eingefügt:* im Vergleich zur Erde) die alle Menschheiten durchlaufen müssen. Das zu den humanoiden Klassen, wie wir sie kennen.

[Bis hierher durchgestrichen]

~~Zur Umsetzung und Ausführung der Phänomene die~~ Die Meisterausbilder die auf verschiedene Welten kommen, und besonders auf die Erde, besitzen Fähigkeiten, die den Erdenbürgern wie ~~Fähigkeiten~~ Können, das Göttern vorbehalten ist, erscheinen. Es ist jedoch nichts anderes als die wirkliche Kenntnis dessen, was die alten Erdenbürger als die „Weisheit Gottes" bezeichneten und was in der Beherrschung der Universellen Energie durch das Wissen besteht, die es erlaubt ~~erlaubt~~ die Energie zu personifizieren und _ den ignoranten/unwissenden Menschheiten als Gott als Gotteswesen zu erscheinen.

C'est pour cela qu'il existe toute une échelle de valeur de la Connaissance en rapport avec la Science de la forme et celle de l'Esprit ou Energie Universelle ou Divine. Et que les Maîtres cosmiques à quelques niveaux d'enseignements qu'ils soient n'ont pas besoin de moyens matériels pour se manifester sur les plans où ils enseignent puisque employant l'Energie Universelle afférente à leur niveau d'instruction en la personnifiant — ce qui explique les paroles du Maître Jésus : Soyez UN comme je suis UN avec le PÈRE le Père étant cette Energie Divine Universelle — à un certain niveau fréquentiel

Le terme de Spiritualité doit être remplacé par le terme de Connaissance qui est la Maîtrise de l'Energie Universelle dans toutes ses manifestations par son emploi conscient et volontaire dans toutes ses fréquences vibratoires. Alors que la Science Technique est la Création par la matérialisation et la construction d'objets matériels dans le but de produire des phénomènes physiques par l'emploi de ces objets réglés sur différentes fréquences électro magnétiques de l'énergie Universelle —

C'est par cela que le "Mental" au point de vue de l'évolution des Êtres ne progresse pas à la même vitesse que la connaissance technique et matérielle de la Science physique dans tous les domaines qu'elle sous-entend — (électromagnétisme, gravitation nucléaire etc...) et que ce déséquilibre entraîne pour les Êtres en questions des conflits dûs à l'ignorance de la mise en œuvre de l'Energie qui produit aussi des inharmonies où pour parler termes techniques des courts circuits

Deshalb existiert eine Werteskala der Kenntnisse über die Wissenschaft und die Form sowie eine des Geistes oder der Universellen oder Göttlichen Energie und deshalb brauchen die kosmischen Lehrer auf einigen Lehrniveaus keine materiellen Mittel, um sich dort zu manifestieren, wo sie unterrichten denn mit Hilfe der universellen Energie, die ihrem Lehrniveau zugehörig ist und indem sie diese personifizieren, damit lassen sich die Worte des Herrn Jesus erklären: Sei EINS wie ich EINS bin mit dem Vater. Der Vater ist diese göttliche universelle Energie auf einem gewissen Frequenzniveau.

Der Ausdruck der Spiritualität muss durch den Ausdruck Kenntnis, der die Beherrschung der universellen Energie in allen ihren Ausprägungen durch ihren bewussten und willentlichen Gebrauch auf allen Schwingungsfrequenzen beschreibt, ersetzt werden. Dasselbe gilt für die technische Wissenschaft, die nichts andeeres als die Erschaffung durch die Materialisation und die Konstruktion von materiellen Objekten mit dem Ziel physikalische Phänomene hervorzubringen durch den Gebrauch von Objekten, die auf verschiedene elektromagnetishe Frequenzen der universellen Energe eingestellt sind, ist.

Deshalb entwickelt sich das „Mentale" aus Sicht der Entwicklung der Wesen nicht mit derselben Geschwindigkeit, wie die technischen und materiellen Kenntnisse der physikalischen Wissenschaft in allen Bereichen, die sie umfasst (Elektromagnetismus, Gravitation, Kernkräfte etc. …). und dass dieses Ungleichgewicht für die besagten Wesen Konflikte aufgrund des Unwissens des Einsatzes der Energie nach sich ziehen, die so Disharmonien oder um es mit irdischen Worten auszudrücken einen Kurzschluss

[Die gesamte Seite ist durchgestrichen]

dans ses manifestations transposées sur les plans de la forme c'est dire dans la matérialisation des effets et de leurs conséquences sur les niveaux vibratoires denses; ces matérialisations n'étant pas faits pour ces niveaux de fréquence énergétique -

Voyance & CLAIRVOYANCE

La Voyance est une faculté "Terrestre" permettant de connaître des événements probables et certains dans le temps et l'espace terrestre, appartenant ... des humains concernant des points fixes programmés dans et par la partie invisible de l'Être, pour son évolution dite "psychique" sur le plan terrestre pendant son incarnation et les événements probables causés au libre arbitre des Êtres, entre ces points fixes immuables.
Ces points fixes sont des points déterminés ressemblant à ex des examens de passage en classe supérieure ou en parcours de rallye avec ses points fixes de contrôle obligatoires de passage - d'où les "Erreurs" de Voyance entre ces points fixes qui sont dues au libre arbitre des êtres qui peut changer d'un instant à l'autre = la voyance à un moment donné n'étant plus la même quelques instants plus tard du fait de l'esprit versatile des humains dûa leur liberté conditionnée

La Clairvoyance est une faculté cosmique qui permet de voir l'invisible - les différentes fréquences de l'Énergie Universelle, avec le "corps subtil" de l'Être

in ihren Manifestationen, die auf den Ebenen der Form transponiert
wurde, hervorrufen, das heißt *[?]* in der Materialisation der Effekte und ihrer Konsequenzen auf die dichten Vibrationsniveaus: diese Materialisatio-
nen wurden nicht für diese Niveaus der energetischen Frequenz gemacht.

[Der Absatz ist durchgestrichen]

Wahrsagen & Hellsehen

Das Wahrsagen ist eine „irdische" Fähigkeit die es erlaubt (oben einge-
fügt:wahrscheinliche und sichere) Ereignisse in der irdischen Zeit und dem
irdischen Raum *[Wort durchgestrichen, unleserlich]* zu kennen, die zu
~~(dem Werden, (dem freien Willen)~~ der Zukunft der Menschheit und die
die festvorgegebenen Punkte (*oben eingefügt:* in und durch) den unsichtbaren Teil des Seins (*oben eingefügt:* betreffen), für seine (*oben eingefügt:*
sogenannte) psychische Entwicklung ud den irdischen Plan während seiner
Menschwerdung und den ~~wahrscheinlichen~~ wahrscheinlichen Ereignissen
~~oder~~ , die vom freien Willen des Seins anstoßen sind, zwischen den unver-
änderlichen, festgelegten Punkten.
Diese festgelegten Punkte sind vorherbestimmte Punkte, die an Abschlusstests in höheren Klassen erinnern oder an einen Rallye-Parcours mit
festen Kontroll- und Durchlasspunkten. Die Fehler des Wahrsagens zwischen den Fixpunkten stammen vom freien Willen, der sich von einem
zum anderen Moment ändern kann: die Wahrsagung ist zu einem bestimmten Moment nicht mehr dieselbe wie ein paar Augenblicke später,
wegen des sprunghaften menschlichen Geistes aufgrund ihrer ~~(ihres freien~~
~~Willens)~~ anerzogenen Freiheit.
<u>Die Hellsichtigkeit</u> ist eine kosmische Fähigkeit, die es erlaubt das unsicht-
bare_ die unterschiedlichen Frequenzen der universellen Energie zu sehen
mit den „feinsinnigen Körpern" des Seins

[Der Text ist durchgestrichen]

les chakras, les Auras, les Mondes "parallèles" autrement dit 27
les différentes dimensions constituant l'Univers et qui sont invisibles
aux yeux de la chair et au monde physique terrestre.
Cette faculté est une partie de la CONNAISSANCE
Universelle qui permet d'accéder au ~~Savoir infini~~
à l'~~OMNISCIENCE~~ aux "Archives akashiques" ou "livre de vie" dans appelé
les écritures. Mais ces ~~Archives~~ étant limitées en fréquence à l'histoire de la Terre
~~et de l'entité planétaire~~ et sur des registres supérieurs à l'histoire des l'entités
planétaires, Systémiques, Galactiques et plus encore suivant le niveau
de Connaissance accessible suivant l'Évolution de l'ÊTRE dans
l'Univers jusqu'à l'Union avec l'Unique dans l'OMNISCIENCE —

page suivante.

planétaires,
Systémiques et galactiques et plus encore suivant l'évolution de l'Être
dans l'Univers —
faisant partie du Savoir Universel, et émanant de celui-ci
on peut l'appeler aussi Archives akashiques, mais ces derniers étant
limitées en fréquence à l'histoire de la Terre, autrement dit à la fréquence d'évolution

dem Chakra, den Auren, den „parallelen" Welten, anders gesagt den unterschiedlichen Dimensionen, die das Universum bilden und die mit den körperlichen Augen und in der irdischen physischen Welt nicht sichtbar sind. Diese Fähigkeit ist ein Teil der universellen KENNTNIS die den Zugang zu ~~dem unendlichen Wissen der Alwissenheit~~ den „Akasha-Chroniken" oder (*oben eingefügt:* sogenannte) „Bücher des Lebens" in den Schriften aber diese Chroniken sind (oben eingefügt: in ihrer Frequenz) auf die Geschichte der Erde ~~und die planetare Wesenheit~~ eingeschränkt und auf *[??]* den Registern die höher sind als [*oder auf den höheren Registern, dann ist aber die Verknüpfung zu der Geschichte unklar]* die Geschichte der planetaren, systemischen, galaktischen Wesenheiten und mehr noch gemäß dem Kenntnistand der infolge der Evolution dem Sein im Universum zugänglich ist bis zur Vereinigung mit der Einzigartigen Allwissenheit.

nächste Seite.

planetare, systemisch und galaktisch und mehr noch gemäß dem Kenntnisstand und während der Evolution des Seins im Universum ~~in Verbindung mit dem~~ die Teil des Universellen Wissens sind und die von ihm ausgehen, kann man sie auch die Akasha-Chroniken, (*oben eingefügt)* sogenannte „Bücher es Lebens" in den *(Nomen unleserlich),* aber die letzten sind in der Freuquenz auf die Geschichte der Erde beschränkt, (*oben eingefügt:* anders gesagt auf die Frequenz der Entwicklung der planetaren Entität). Auf einem höheren Verzeichnis oder einer höheren (~~Schwebungs-~~) Frequenz (*oben eingefügt:* ~~die es erlaubt) man kann haben~~ der Zugang zu den Archiven

[Der gesamte Text ist durchgestrichen]

Voyance et Clairvoyance

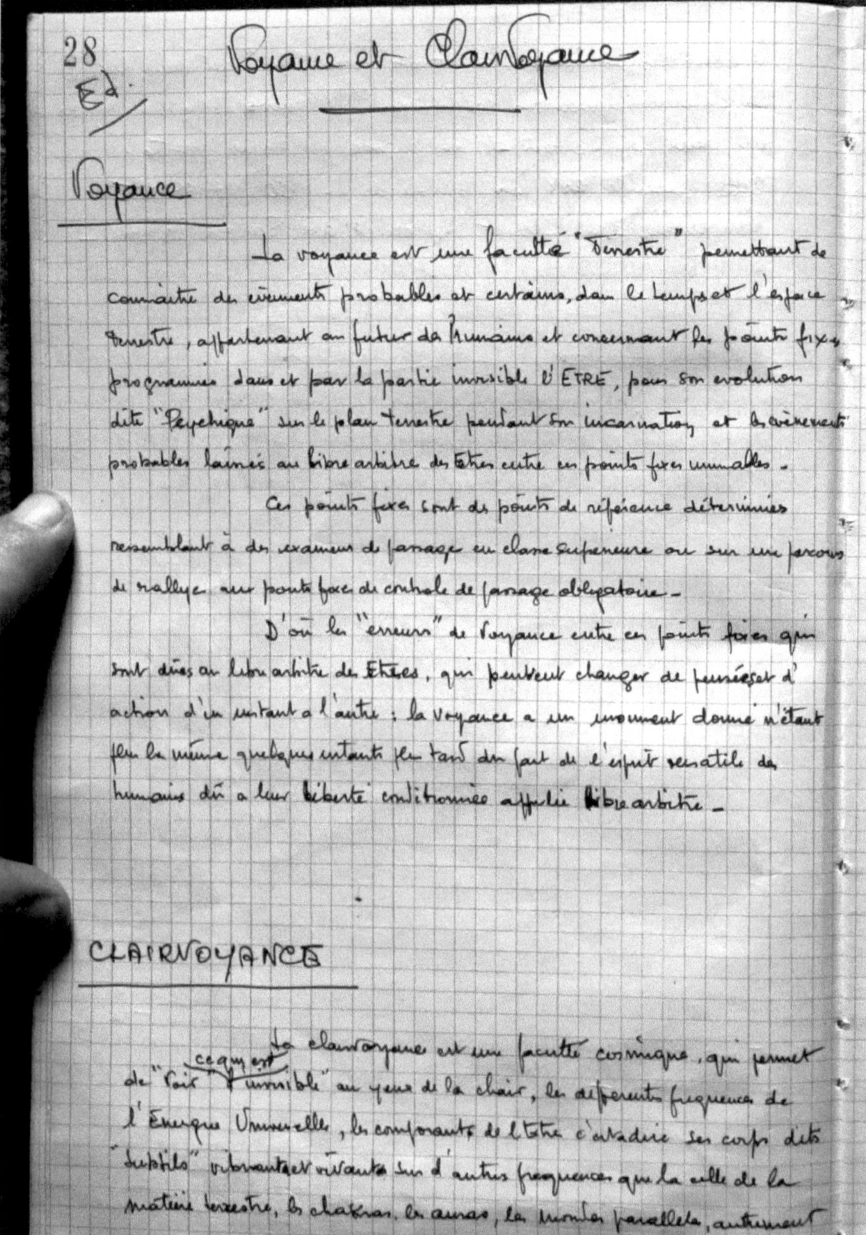

Voyance

La voyance est une faculté "Terrestre" permettant de connaître des événements probables et certains, dans le Temps et l'espace terrestre, appartenant au futur des humains et concernant les points fixes programmés dans et par la partie invisible l'ÊTRE, pour son évolution dite "Psychique" sur le plan terrestre pendant son incarnation et les événements probables laissés au libre arbitre des Êtres entre ces points fixes immuables.

Ces points fixes sont des points de référence déterminés ressemblant à des examens de passage en classe supérieure ou sur un parcours de rallye aux points fixes de contrôle de passage obligatoire.

D'où les "erreurs" de voyance entre ces points fixes qui sont dûes au libre arbitre des Êtres, qui peuvent changer de penser et d'action d'un instant à l'autre : la voyance à un moment donné n'étant plus la même quelques instants plus tard du fait de l'esprit versatile des humains dû à leur liberté conditionnée appelée libre arbitre.

CLAIRVOYANCE

La clairvoyance est une faculté cosmique, qui permet de "voir" ce qui est "invisible" aux yeux de la chair, les différentes fréquences de l'Énergie Universelle, les composants de l'être c'est-à-dire ses corps dits "subtils" vibrant et vivant sur d'autres fréquences que la celle de la matière terrestre, les chakras, les auras, les mondes parallèles, autrement

Wahrsagen und Hellsichtigkeit

Ed.

Wahrsagen

Das Wahrsagen ist eine „irdische" Tätigkeit, die es erlaubt wahrscheinliche und sichere Ereignisse in der Zeit und dem irdischen Raum vorherzusagen, die zur Zukunft der Menschheit gehören und feste, programmierte Punkte von und durch den unsichtbaren Teil des Seins betreffen, um seine nach irdischem Ermessen sogenannte „psychische" Entwicklung während seiner Menschwerdung und die wahrscheinlichen Ereignisse, die dem freien Willen der Wesen zwischen den festen, *[??? adjektiv unleserlich]* Punkten überlassen sind.

Diese festen Punkte sind bestimmte Referenzpunkte, die an Abschlusstests in höheren Klassen erinnern oder an einen Rallye-Parcours mit verbindlichen Kontroll- und Durchlasspunkten.

Die Fehler des Wahrsagens zwischen den Fixpunkten stammen vom freien Willen der Wesen, die ihre Meinung und ihre Handlungen von einem zum anderen Moment ändern können: die Wahrsagung ist zu einem bestimmten Moment nicht mehr dieselbe wie ein paar Augenblicke später, wegen des sprunghaften menschlichen Geistes aufgrund seiner-anerzogenen Freiheit, die auch freier Wille genannt wird.

Hellsichtigkeit

Die Hellsichtigkeit ist eine kosmische Fähigkeit, die es erlaubt, das zu „sehen", was für die fleischlichen Augen „unsichtbar" ist, die unterschiedlichen Frequenzen der universellen Energie, die Wesensbestandteile, das heißt seinen sogenannten „feinsinnigen" Körpern, die auf anderen Frequenzen schwingen und leben als jene der irdischen Materie, die Chakras, die Auren, Parallelwelten, anders

dit les autres dimensions constituant l'Univers dans les différentes fréquences de l'Energie Universelle. Cosmique, divine, mots différents pour la même chose : l'Energie "UNIQUE" — en un mot "DIEU". Cette faculté fait partie intégrante de la CONNAIS-SANCE UNIVERSELLE. qui permet d'accéder suivant la fréquence employée aux Archives Akashiques appelées "Livre de Vie" dans les Ecritures. mais limitée à l'histoire de la terre et de son humanité. et en des fréquences supérieures, à l'histoire de l'Entité planétaire. Systémique, galactique et plus encore suivant le niveau de connaissance accessible à l'évolution de l'être dans l'Univers, Jusqu'à son Union totale avec l'Unique dans l'omniscience — l'omniprésence en un mot dans le TOUT INFINI réin-tégré — c'est à dire DIEU —

gesagt, die anderen Dimensionen, die das Universum ausmachen, auf unterschiedlichen Frequenzen der universellen, kosmischen, göttlichen Energie, das sind alles Worte für dieselbe Sache: Die „EINZIGARTIGE" „ENERGIE" _ in einem Wort „GOTT". Diese Fähigkeit ist Bestandteil des UNIVERSELLEN WISSENS, das es erlaubt gemäß der verwendeten Frequenz Zugang zu den Akasha-Chroniken zu bekommen, die in den heiligen Schriften auch „Bucher des Lebens" genannt werden, aber sie sind auf die Geschichte der Erde und ihrer Menschheit beschränkt und auf höheren Frequenzen auf die Geschichte der planetaren, systemischen, glaktischen Entität und mehr noch gemäß dem Wissensniveau, das der Entwicklung des Seins im Universum zugänglich ist, bis zu seiner vollständigen Vereinigung mit dem „Einizgen in der Allwissenheit, der Allgegenwart oder zusammengefasst ins VÖLLIG UNENDLICHE zurückgekehrt, das heißt GOTT.

30

Ed.

Science Sar Conscience n'étaque mure a l'Ame

SCIENCE et CONNAISSANCE

Les Instructeurs de l'Humanité Terrestre
et Cosmique —

' De la Science Terrienne a la Science Cosmique

Les 2 sciences — La Science Maternelle
                  La Science "Divine" ou Connaissance

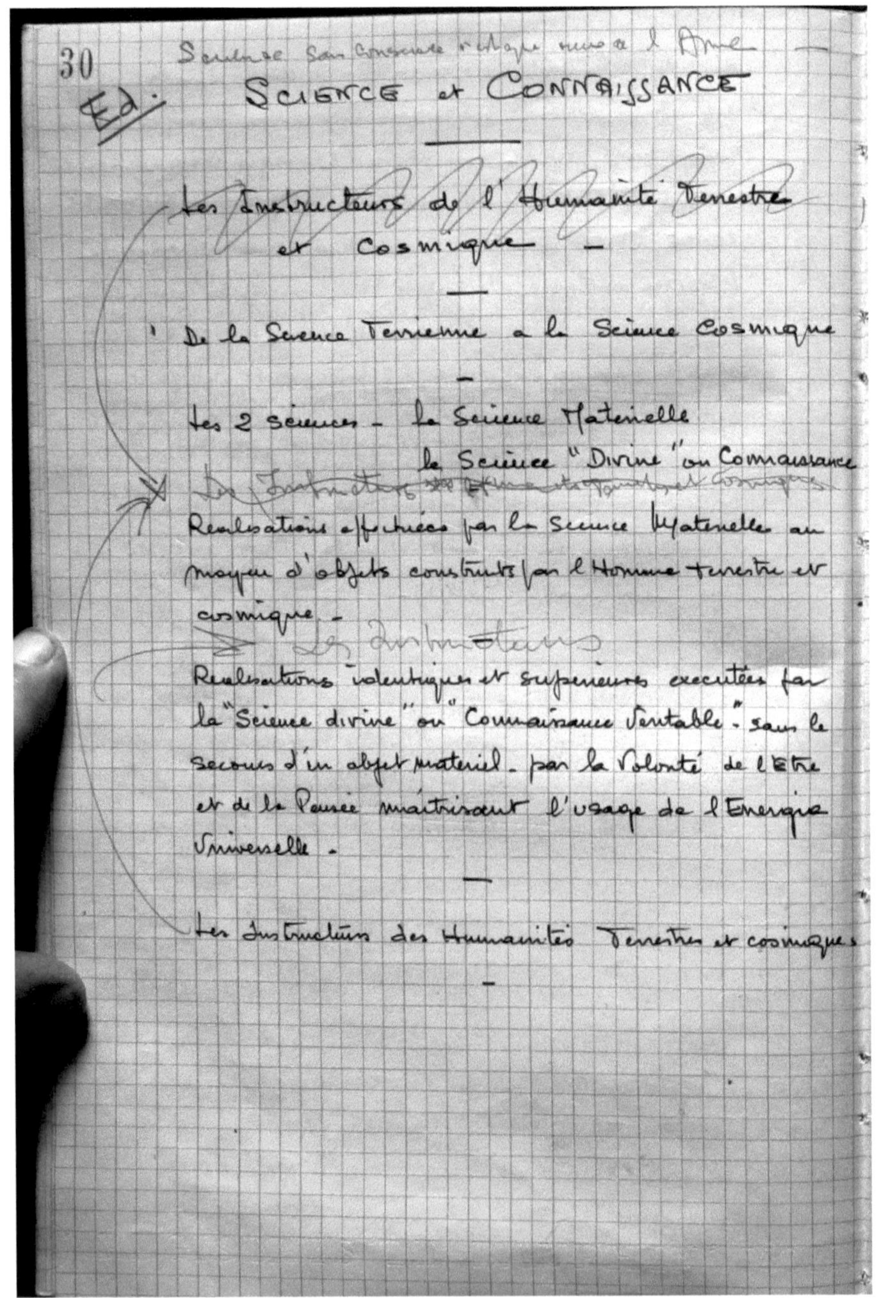

Réalisations affichées par la Science Matérielle au
moyen d'objets construits par l'Homme terrestre et
cosmique —

Réalisations identiques et supérieures exécutées par
la "Science divine" ou "Connaissance Véritable" - sans le
secours d'un objet matériel - par la Volonté de l'Être
et de la Pensée maîtrisant l'usage de l'Énergie
Universelle —

Les Instructeurs des Humanités Terrestres et cosmiques

(mit dünnem Stift geschrieben) Wissenschaft ohne Bewusstsein ist nur
[??Wort unleserlich] der Seele

<u>Ed.</u>   Wissenschaft und Kenntnis
                    ───────────────────

(durchgestrichen:) Die Ausbilder der irdischen und kosmischen Menschheit
                         ─────────

Von der irdischen und der kosmischen Wissenschaft
                         ─────

Die 2 Wissenschaften_ die materielle Wissenschaft
                _ die „göttliche" Wissenschaft oder Kenntnis

*[mit dünnem Stift geschrieben und durchgestrichen, schlecht lesbar, ver-
mutlich:]* Die Ausbilder der irdischen und kosmischen Menschheit

Konstruktionen, die von der materiellen Wissenschaft mit von irdischen
und außerirdischen Menschen ~~konstrui~~erten Objekten ausgeführt wurden.
                         ─────

[mit dünnerem Stift geschrieben] Die Ausbilder
Gleiche und höherwertige Konstruktionen, die von der „göttlichen Wissenschaft" oder „wahren Kenntnis" ohne Hilfe eines materiellen Objekts, sondern nur mit dem Willen des Wesens und mit dem Gedanken, der den Gebrauch der universellen Energie versteht, ausgeführt wurden.
                         ─────

Die Ausbilder der irdischen und kosmischen Menschheit

                         ─────

31

Toute la Science Terrestre et occidentale [en particulier] est basée exclusivement sur ce qui est perceptible par les Sens physiques et [sensibilisé] par un matériel "scientifique" produisant des phénomènes matériels en rapport avec les fréquences de l'Énergie Universelle employées sur la Terre que ce soit en Physique, chimie, Biologie etc... Rien d'autre n'existant pour la dite science officielle.

La Science dite Extra Terrestre ou Cosmique est double. 1° Une science matérielle [technologique] constituée par des appareils physiques mais produisant des phénomènes niés par la science terrestre parceque impossible a réaliser dans l'état de connaissances terriennes _ Ces phénomènes courants dans les autres mondes sont classés par ordre de fréquence dans l'échelle de l'Énergie Universelle _ que ce soit: matérialisation, dématérialisation, lévitation d'objets, Transformation et Malléabilité de la matière dense [Téléportations] etc... Plus la fréquence employée est élevée et plus les phénomènes sont inimaginables et incompréhensibles pour des terriens. Tous ces phénomènes physiques matériels [peuvent être] exécutés par des appareils construits par les humanités différentes du Cosmos suivant leur évolution dans la connaissance de la [Mise en œuvre] de l'énergie et de la forme. Certaines découvertes terriennes sur les infrasons, la gravitation, la physique nucléaire, qui peuvent commander aux climats, foudre, tremblements de Terre commencent a être connues des terriens mais malheureusement employées dans une direction de destruction à but militaire, ce qui montre que la technologie ne suit absolument pas la progression en rapport avec la Sagesse _

Ceci est un point très important pour comprendre l'évolution des humanités terrestres et cosmiques.

Die gesamte irdische und besonders die westliche Wissenschaft basiert ausschließlich auf dem was mit dem physikalischen Sinn wahrnehmbar ist und was durch ein „wissenschaftliches" Material das materielle Phänomene in Verbindung mit irdischen Frequenzen, welche auch immer das in der Biologie, der Chemie und der Physik sind, der Universellen Energie ~~produziert~~ sensibilisiert ist. Für die sogenannte offizielle Wissenschaft existiert nicht anderes.

Die sogenannte Außerirdische *[mit erstem Buchstaben groß geschrieben]* oder Kosmische *[mit erstem Buchstaben groß geschrieben]* Wissenschaft hat zwei Aspekte. 1. Sie ist eine technologische und materielle Wissenschaft, die aus physikalischen Apparaten besteht, aber Phänomene hervorbringt, die von der irdischen Wissenschaft geleugnet werden, weil sie mit dem irdischen Wissenstand nicht realisierbar sind. Diese in anderen Welten gängigen Phänomene, nämlich: die Materalisation, Dematerialisation, Levitation von Objekten Transformation und Formbarkeit der festen Materie, ~~etc.~~ sofortige Teleportation etc. zeichnen sich durch einen bestimmten Frequenzbereich der Universellen Energie aus. Je höher die verwendete Frequenz ist desto unvorstellbarer und unverstehbarer werden die Phänomene für die Erdenbürger. Alle diese physikalischen, materiellen Phänomene ~~sind~~ können von den unterschiedlichen Menschheiten im Kosmos hervorgebracht werden, nach dem jeweiligen Entwicklungsstand im Wissen der Beherrschung der Energie und der Form. Einige irdische Entdeckungen auf den Gebieten des Infraschalls, der Gravitation der Mechanik, die das Klima beeinflussen können, Blitze und Erdbeben hervorrufen können, beginnen den Erdenbürgern bekannt zu werden, aber leider in einer zerstörerischen Richtung mit militärischen Zielen, was zeigt, dass die Technologie überhaupt nicht dem Fortschritt in Bezug auf die Weisheit folgt.

Das ist ein sehr wichtiger Punkt um die Entwicklung der irdischen und kosmischen Menschheiten zu verstehen.

On pense généralement que si des êtres viennent d'ailleurs
c'est que ces êtres ont une avance technologique de plusieurs
siècles sur les terriens et qu'ils doivent être en outre beaucoup
plus évolués, sur les plans, psychique, mental etc... que les
humains –

Malheureusement point n'est-ce le cas, tout au moins
~~couramment~~ pour les niveaux de fréquences concernant les
planètes qui ont colonisées la Terre (et d'autres planètes (3ème...) les terriens étant (4ème...)
en effet les descendants de ces colonisateurs avec leurs défauts
et leurs qualités. Leur évolution technologique est une
chose, leur niveau dit "spirituel" en est un autre – Les
deux progressent mais avec un certain retard sur la
question "spirituelle" Il suffit de lire la Bible a ce sujet –
(Ancien Testament où il est relaté de ... de ... Colonisateurs venus d'ailleurs.
Esaïe XIII, v.4.5) C'est pour cela qu'à différentes époques sont
envoyés des Maîtres Instructeur Cosmiques (appelés Messie sur
la Terre) pour donner un ~~nouvel~~ enseignement (adéquat ("spirituel") pour
l'époque que traverse la civilisation planétaire arrivée à un ~~nouveau~~ (certain)
degré d'évolution.

Ces Maîtres instructeurs Cosmiques appartiennent a
la Hierarchie Cosmique (et aux différents) ou ~~Grand~~ Conseils Cosmiques (supérieur à 5ème ...) qui comporte
différents degrés dans l'échelle de la Connaissance et différents dépar-
-tements concernant les Régions de l'Univers formel dans toutes les
dimensions.

Ils enseignent et surveillent les progrès des Mondes
"Colonisés" qu'Ils sont chargés d'éduquer et de faire progresser dans la Con-
-naissance. exactement comme sur Votre terre vous commencez a
l'école maternelle pour finir au Doctorat. Et pendant tout ce
temps d'école vous passez des classes inférieures aux supérieures

Man glaubt im Allgemeinen, dass wenn Wesen von anderswo kommen, dann haben diese Wesen einen technologischen Vorsprung von mehreren Jahrhunderten gegenüber den Erdenbürgern und dass sie außerdem physisch und geistig weiter entwickelt sind, als die Menschen.

Leider ist nichts davon der Fall, das Gegenteil betreffend trifft auf die Frequenzniveaus zu, die die Planeten betreffen, welche die Erde (oben eingefügt: und andere Planeten (3. und 4. *[Wort unlesbar])* kolonialisiert haben; die Erdenbürger sind tatsächlich die Nachkommen dieser Kolonialisierer mit deren Fehlern und deren Qualitäten. Ihre technologische Entwicklung ist die eine Seite, ihr sogenanntes „spirituelles" Niveau ist eine andere. Beide entwickeln sich weiter, jedoch mit einer gewissen Rückstand auf dem Gebiet des „spirituellen". Es genügt die Bibel zu diesem Thema zu lesen. (Das alte Teslament verknüpft die Ankunft auf der Erde mit einem militärischen Verband /der Kolonialisatoren, die von weither kommen Jesaja XIII v.4.5)

Es wurden deshalb zu unterschiedlichen Zeiten die Meisterausbilder auf die Erde geschickt, die auf der Erde Messias heißen), um eine „spirituelle" Ausbildung zu geben, die der Epoche die die planetare Zivilisation durchmacht angemessen ist; sie kümmern sich so um einen gewissen Grad an Entwicklung.

Diese kosmischen Meisterausbilder gehören der kosmischen Hierarchie an und den *unterschiedlichen [durchgestrichene Worte unlesbar]* kosmischen-Räten *[Mehrzahl rot ergänzt]* (höher als die 5te Dimension), die unterschiedliche Grade auf der Skala des Wissens und den unterschiedlichen Abteilungen der Religionen des Universums beinhalten, die in allen Dimensionen vorhanden sind.

Sie bilden aus und überwachen den Fortschritt der „kolonialisierten" Welt. Sie sind mit der Ausbildung beauftragt und damit das Wissen voranzubringen, genau wie auf Ihrer Erde, Sie beginnen im Kindergarten und enden mit dem Doktortitel. Und währen der ganzen Schulzeit kommen sie von den niedrigeren in die höheren Klassen,

après des examens de passage si besoin est et vous rencontrez des 3.3
Maîtres enseignant de plus en plus érudits pour vous dispenser la
Connaissance afférente au niveau où vous vous trouvez pour vous permettre
et le proposer dans celle-ci

Comme vous le comprenez maintenant tous les autres
Mondes sont des classes d'enseignement supérieur par rapport à la Terre
par lesquelles toutes les Humanités doivent passer. Ceci pour les
créations à formes Humanoïdes telles que nous les connaissons. Car dans l'Univers de nombreuses autres formes de
créations existent et qui n'ont rien a voir avec la forme
humaine qui nous concerne ni avec le genre d'évolution dite
"Spirituelle" de notre humanité _

Ces Maîtres Instructeurs qui viennent sur les différents
Mondes et en particulier sur la Terre, sont doués de facultés qui
semblent pour les terriens des pouvoirs réservés a des Dieux. Or
ce n'est que la Connaissance que les anciens appelaient la "Sapience
Divine" qui en réalité consiste en la Maîtrise de l'Energie Universelle
~~par la~~ qui permet de personnifier cette Energie et ~~faire~~ de paraître un Dieu
pour les populations ignorantes des Lois cosmiques _

C'est pour cela qu'il existe toute une échelle de
Valeur dans la Connaissance en rapport avec la Science de la Forme
et celle de l'"Esprit" ou Energie universelle ou divine et que les
Maîtres Cosmiques à quelques niveaux d'enseignement qu'Ils soient
n'ont pas besoin de Moyens matériels pour se manifester sur les
plans où ils enseignent, puisque employant l'Energie
Universelle afférente a leur Niveau d'Instruction en la personnifiant ce qui explique la parole du Maître Jésus - "Soyez
UN comme je suis UN avec le PERE." le Père étant cette Energie
Universelle à un certain Niveau fréquentiel pour l'instruction
de cette planète _

evtl. nach Zwischenprüfungen und Sie treffen auf Lehrer die höher und höher gebildet sind, um Ihnen die Kenntnisse gemäß Ihres Wissensstands zu vermitteln, um Ihnen zu erlauben diesen zu verbessern.

Wie Sie inzwischen verstanden haben, sind alle anderen Welten höhere Unterrichtsklassen im Vergleich zur Erde, die die Menschheit noch absolvieren muss. Dasselbe gilt für die Kreaturen mit humanoiden Formen, wie jene die wir kennen. *[Bin unsicher, ob es so heißt]* Denn im Universum gibt es zahlreiche andere Kreaturen, die nichts mit der menschlichen Form zu tun haben, die uns betrifft und nichts mit der Art der sogenannten „spirituellen" Entwicklung unserer Menschheit.

Die Ausbilder, die zu unterschiedlichen Welten und besonders auf die Erde kommen, sind mit Fähigkeiten begabt, die uns Erdenbürgern erscheinen, als seien es Gott vorbehaltene Kräfte. Dabei ist es nichts als die Kenntnis dessen, was die Alten die „göttliche Weisheit" nannten und die tatsächlich auf der Beherrschung der Universellen Energie besteht, die es erlaubt diese Energie zu personifizieren und der Bevölkerung, in Unwissenheit der kosmischen Gesetze, als ein Gott ~~zu sein~~ zu erscheinen.

Deshalb gibt es eine ganze Werteskala der Kenntnis der Wissenschaft der Form und der des „Geistes" oder der universellen oder göttlichen Energie und deshalb brauchen die kosmischen Ausbilder auf einigen Ausbildungsniveaus keine materiellen Hilfsmittel, um sich dort zu manivestieren, wo sie unterrichten. Denn indem sie die Universelle Enerige nutzen, die ihrem Ausbildungsstand zugehörig ist und indem sie diese personifizieren, tun sie was den Satz des Herrn Jesus erklärt" Seid EINS wie ich EINS bin mit dem VATER". Der Vater ist darin die Universelle Energie auf einem gewissen Frequenzniveau zur Unterrichtung dieses Planeten.

Le terme de "Spiritualité" doit être remplacé par celui
de CONNAISSANCE. qui est le terme véritable concernant l'explication de la Maîtrise de l'Énergie Universelle dans toutes ses
manifestations par son Utilisation consciente et Volontaire dans
toutes ses fréquences vibratoires alors que la Science Technologique est la création par la matérialisation d'objets construits de telle sorte qu'ils produisent des phénomènes physiques
identiques à ceux de la Connaissance mais
grace à un réglage sur les différentes fréquences de l'Énergie
produisant ces
Universelle transformée en forces de diverses manifestations

C'est pour cette raison que la Connaissance et
la Technologie ne progressent pas de pair avec l'Évolution des
Êtres. La technologie est la plupart du temps en avance
surtout dans les dimensions basses (3° 4°)
sur la Connaissance ce qui produit un déséquilibre grave.
La Science Physique actuelle sur la terre a atteint un niveau
de savoir trop élevé par rapport au niveau de la Connaissance
Sagesse - (electromagnetisme. Nucleaire, gravitation etc...)
et ce déséquilibre entraine pour les Terriens des conflits
dû a l'Ignorance de la Mise en oeuvre de l'Energie qui
produit ainsi des inharmonies ou pour parler terrestrement
des "courtcircuits" dans ses manifestations transposées sur
(humaine animale végétale minérale)
les plans de la Forme, c'est a dire dans la matérialisation
des effets et de leurs conséquences sur les niveaux vibratoires
denses, ces matérialisations n'étant pas faites pour ces niveaux
de fréquences énergétiques sur le plan ou ils sont produits.

On peut en voir l'illustration lors de la venue
sur la terre d'atterrissage de Vaisseaux spatiaux venus d'ailleurs-
et qui laissent des traces parceque les vibrations qu'ils dégagent
encore
sont trop élevées pour la "matière dense" dont le niveau

Der Ausdruck „Spiritualität" muss durch den Begriff der „Kenntnis" ersetzt werden. Das ist der richtige Ausdruck für die Erklärung der Beherrschung der universellen Energie in allen ihren Ausprägungen durch ihre bewusste und willentliche Verwendung auf allen Schwingungsfrequenzen, während die technische Wissenschaft das Erschaffen durch die Herstellung von Objekten solcherart ist, dass sie physikalische Phänomene hervorbringen, die denen der Kentnis gleichen, aber dank einer Einstellung auf andere Frequenzen der universellen Energie lassen sich damit ihre vielfältigen Erscheinnungsformen hervorbringen.

Deshalb entwickeln sich die Kenntnis und die Technologie nicht gleichauf mit der Entwicklung der Wesen. Die Technologie ist die meiste Zeit der Kenntnis voraus *[oben eingefügt, erstes Wort unklar, evtl. „nur" abgekürzt]* in den niederen Dimensionen (3.,4.), woraus ein schwerwiegendes Ungleichgewicht folgt. Die aktuelle physikalische Wissenschaft auf der Erde hat einen zu hohen Wissensstand erreicht im Vergleich mit ihrem Wissen auf dem Gebiet der Weisheit. (Elektromagnetismus, Kernphysik, Gravitation, etc...) Und dieses Ungleichgewicht bringt für die Erdenbürger Konflikte mit sich aufgrund der Unkenntnise der Beherrschung der Energie, die so Disharmonien hervorbringt oder um es in irdischen Worten auszudrücken, es werden „Kurzschlüsse" produziert, die sich in der Materialisation auf dem Gebiet der Form (menschlich, tierisch, planzlich, mineralisch) äußern. Das heißt, in der Materialisation der Effekte und ihrer Konsequenzen auf den dichten Vibrationsniveaus sind diese Materialisation nicht für die energetischen Frequenzen *[Mehrzahl in Rot ergänzt]* geschaffen, bei denen sie hervorgebracht werden.

Dies wird illustriert durch die Ankunft, die Landung von Raumschiffen auf der Erde, die von weit her gekommen sind und die Spuren hinterlassen, weil die Vibrationen, die sie verbreiten sind [oben eingefügt: noch] zu hoch für die „feste Materie" deren Vibrationsniveau

vibratoire est trop bas par rapport a celui du Vaisseau et de
ce fait produit une certaine "destruction" dans l'environnement
terrestre exactement comme si un humain tenant 2 fils
électriques reçoit sans danger un petit voltage mais subit des
chocs ou des brulures ou la mort si le voltage est trop fort.
La Terre étant reglée sur une echelle determinée de
vibration frequentielle - si cette norme est depassée
d'un coté ou de l'autre il en est exactement comme
je l'ai dit pour l'être humain mais a l'échelle planétaire

viel tiefer als das des Raumschiffes ist und daraus ergibt sich eine gewisse
„Zerstörung" in der irdischen Umwelt, genau als würde ein Mensch der
zwei elektrische Kabel hält, einen kleinen Stromstoß ohne Gefahr aushält,
jedoch einen Schlag oder Verbrennungen oder sogar den Tod davonträgt,
wenn die Spannung zu groß ist.

Die Erde ist auf einer vorherbestimmten Stufenleiter an Vibrationsfrequen-
zen reguliert. Wenn diese *[Wort unklar, evtl: Norm, Regel]* von der einen
oder anderen Seite her überholt ist, dann ist es so wie ich es für ein
menschliches Wesen beschrieben habe, aber auf der Planetaren Skala.

Composition du Grand

Conseil Cosmique ~~Humanoïde~~

Création Humanoïde –

des 12 Univers –

1°/ 1) Grands "Patrons"

3) Chefs de Constellations

2) Chefs de Galaxies

1° département

4) Chefs de Systèmes (groupes Solaires)

5) Chefs de Planètes ·

2° Départ.

2°/ Départements des Instructeurs Cosmiques

1/ Instructeurs des Galaxies ·

2/ — Constellations

3/ — Groupes de Systèmes Solaires

4/ — Système Solaire –

5/ — Planètes —

6/ — Humanité des Planètes

—

Différentes · Créations Universelles. Formelles –

Formes { 1°/ Humanoïdes

2°/ Animales

3°/ Végétales — 4°/ Minérales –

Équipe de techniciens et maintenance cosmique

~~5°/ Minérales Départ~~

Noms des Constellations en rapport avec les créations afférentes aux humanités qui les · composent —

Zusammensetzung des großen
~~Humanioden~~ kosmischen Rates
<u>Menschliche Schöpfung</u>
der 12 Universen

1tens/
1) *[obendrüber: 3te]* Große „Chefs"→ Erste Abteilung

~~2)~~3) Leiter der Konstellation

~~3)~~2) Leiter der Galaxien

---

4) Leiter der Systeme (der Sonnen-Gruppe)
5) Leiter der Planeten →2te Abteilung

2tens Abteilung der kosmischen Ausbilder

1)　　Ausbilder　der Galaxie
2)　　-　　　　　der Konstellation
3)　　-　　　　　der Gruppe der Sonnensysteme
4)　　-　　　　　des Sonnensystems
5)　　-　　　　　der Planeten
6)　　-　　　　　der Menschheiten der Planeten

Unterschiedliche universelle Schöpfungen, Formalitäten

Formen: 1tens/Menschenwesen Technische Mannschaft
　　　　2tens/Tiere　　　　　　　　und　kosmische Wartung
　　　　3tens/Planzen　　　　　　　4tens *[Wort unklar]*
　　　　4tens *[Zeile durchgestrichen]* Minerale
Namen der Konstellationen in Bezug auf die Schöpfer, die den Wesen erscheinen, die sie geschaffen hat.

Département des Créations ~~Non Force~~
——— des FORCES !

DEVAS {
— Chef des FEU —
— AIR
— EAU
— ~~Pierre~~ (Matière dense) (Minéral)

et — ETRES opérant la
Transformation de l'Énergie Universelle
en différentes FORCES
n'ayant aucun rapport avec les différentes
créations Universelles. — on peut les
appeler Manipulateurs de l'Énergie.
ne s'incarnant jamais dans quelques
création que ce soit — c'est un genre
de robot "clone" affectés exclusivement
à ce travail. Ils sont tous asexués et
créés par les Êtres qui s'en servent —

5 mondes formels
Règnes — 5 { Êtres Humain Spirituel
4 { Animal Humain
3 { Animal (plantes AUREO)
2 { Végétal (XENUR.)
1 { Dérivés — et Minéral —

Abteilung der Erschaffung der ~~nicht- (Wort unlesbar)~~ der Kräfte

____

Leiter des Feuers

(an der Seite:)   - der LUFT

DEVAS   - des WASSERS

- der Steine Festkörper (Minerale)
- der WESEN, die die Umwandlung der universellen Energie in unterschiedliche KRÄFTE ausführen.

Sie haben nichts mit den unterschiedlichen <u>Schöpfungen</u> im Universum zu tun, man kann sie die Manipulatoren der Energie nennen, die niemals in irgendeiner Art von Geschöpf inkarnieren. Es ist eine Art „geklonter" Roboter, der ausschließlich diese Arbeit ausführt. Sie sind alle geschlechtlos und wurden durch die Wesen geschaffen, die sich ihrer bedienen.

	5	~~1~~	spirituelle menschliche Wesen
5 formelle Welten	4	~~2~~	menschliches Tier
der Herrschaft	3	~~3~~	Tier (Planet des Typs AUREO)
	2	4	Pflanzlich (XENUR.)
	1	~~5~~	Devisch und Mineralisch

De l'ÉNERGIE COSMIQUE
à l'Énergie Tellurique
et lunaire, et Sexuelle

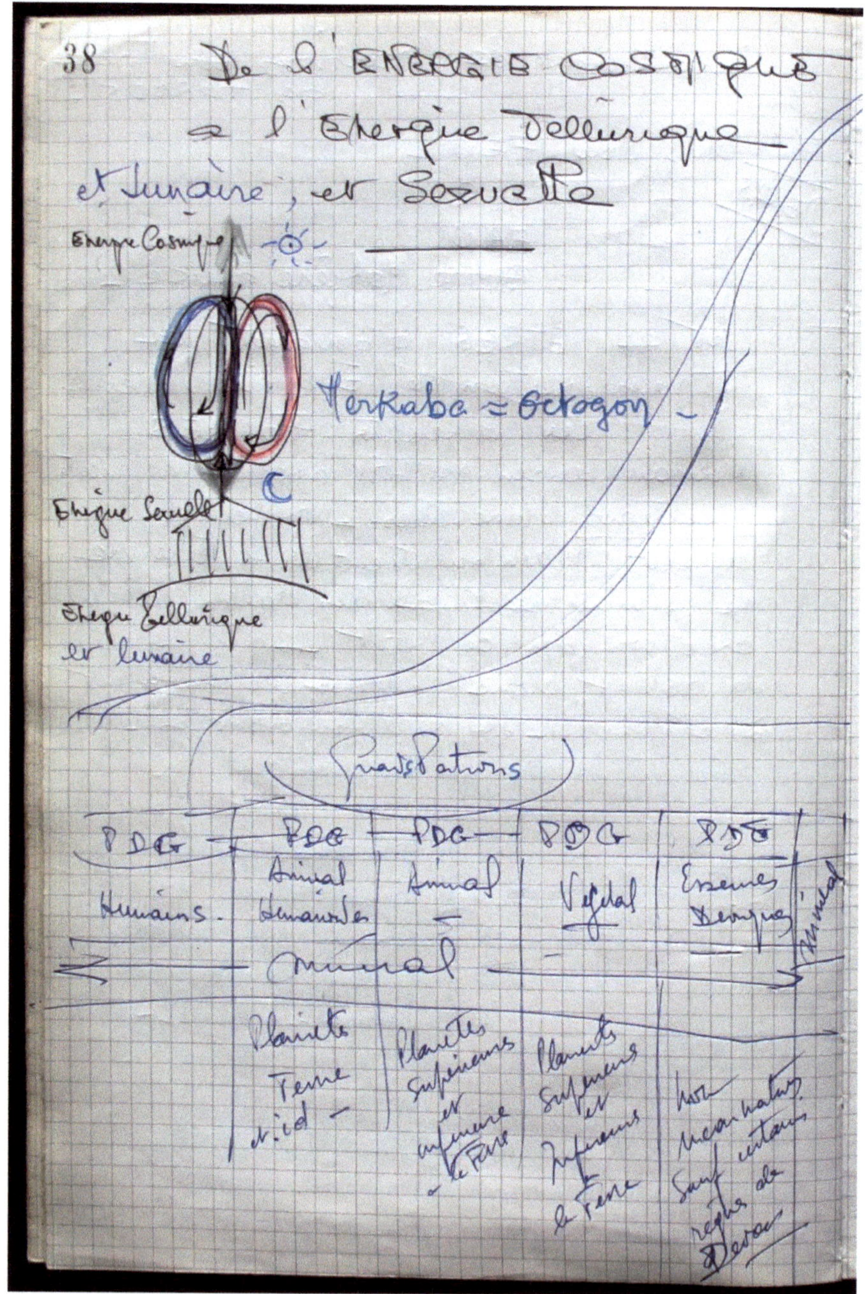

PDG	PDG	PDG	PDG	PDG
Humains.	Animal Humanisé	Animal	Végétal	Essences Denses
	Minéral			Minéral
Planète Terre etc.	Planètes Supérieures et inférieures à la Terre	Planètes Supérieures et Inférieures à la Terre	hors incarnation Sauf certaines règles de Devas	

Von der kosmischen Energie zur
Tellurischen und lunatischen und sexuellen Energie

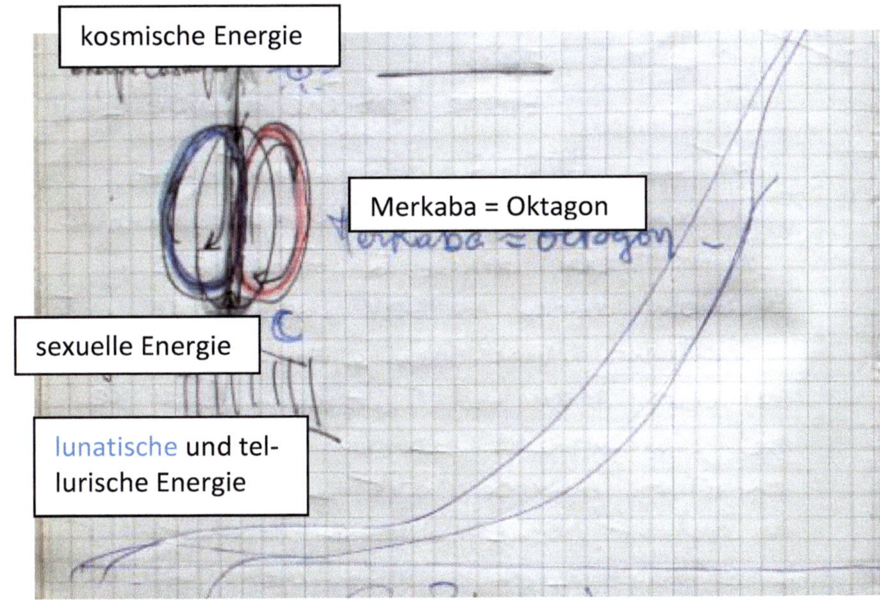

Große Chefs *[Mehrzahl nachträglich mit anderem Stift ergänzt]*

PDG	PDG	PDG	PDG	PDG
Menschlich	Tierisch, Humanoid	Tierisch --	Pflanzlich --	Devische Energie
(Pfeil)	Tierisch		*(Pfeil)*	*(Pfeil)*
	Erde *[Ab-kürzung n.id unklar]*	Planeten, die der Erde über-legen und unterlegen sind	Planeten, die der Erde überlegen und unterle-gen sind	*[unklar: keine ??? Natur au-ßer gewisse ??? Devas]*

[an der rechten Seite der Tabelle steht vermutlich: minimal/mineral]

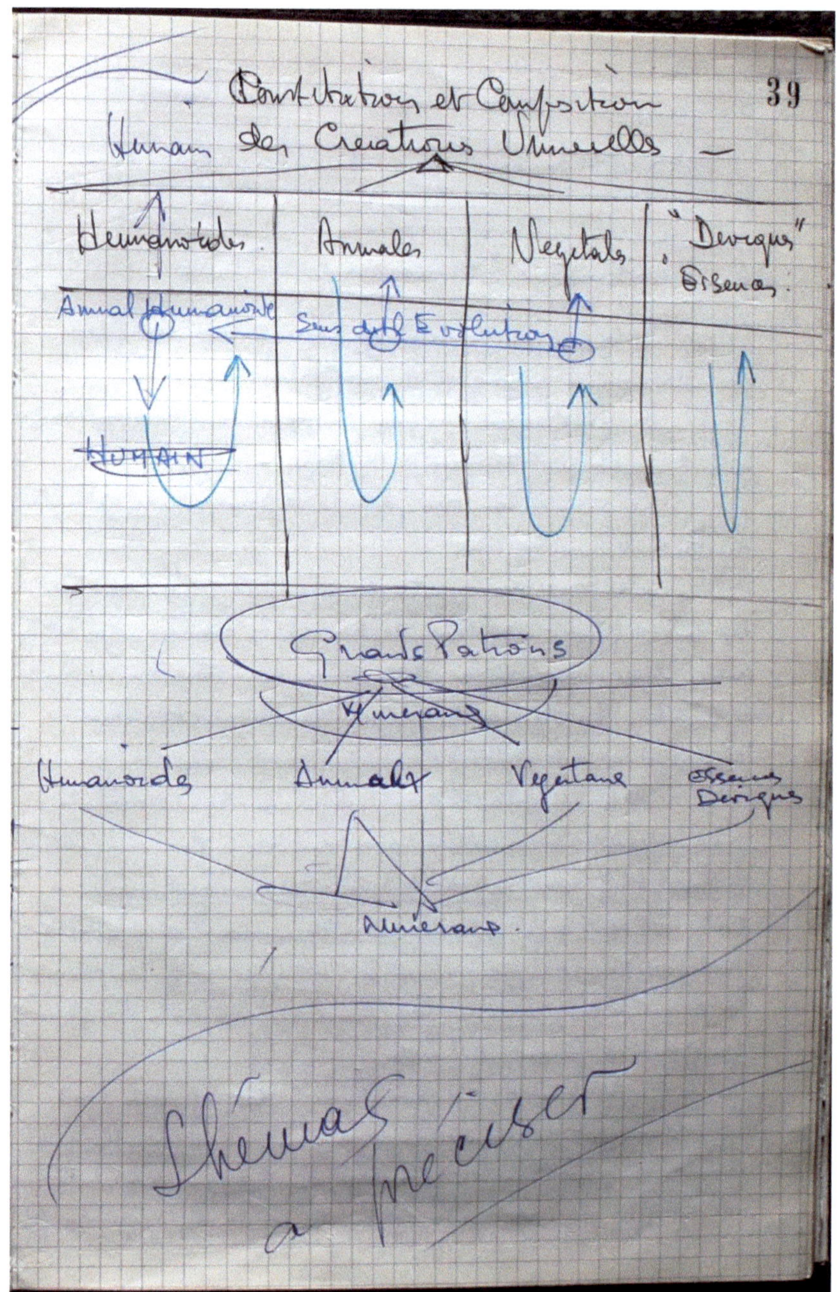
Constitution et Composition
des Créations Universelles —
Humain
Humanoïdes. Animales Végétals "Dévique" essences.
Animal Humanoïde Sens de l'Évolution
HUMAIN
Grands Patrons
Itinérant
Humanoïdes Animaux Végétaux essences Déviques
Itinérant.
Schéma à préciser

39

Zusammensetzung und Bestandteile
[in blau:] menschlich der universellen Geschöpfe

Menschliche	Tierische	Pflanzliche	„hellseherisch" *[Das Wort devique konnte ich im Wörterbuch nicht finden, es scheint die Adjektivierung von devin = Hellsehen zu sein]* „Wesen/Geist"
menschliche Tiere ~~MENSCHLICH~~	Richtung der	Evolution	

(Große Chefs)

		mineralisch	
Menschlich	Tierisch	Pflanzlich	Wesen hellseherisch
		mineralisch	

Das Schema muss noch präzisiert werden.

40

Notes sur les ordinateurs fonctionnant sur d'autres planètes —

A — ordinateurs: "Mémoires de Titane" (UMMO)

Il n'est pas possible de faire un résumé des caractéristiques physiques de nos "ordinateurs"

On peut néanmoins faire ressortir les différences basiques entre les équipements terriens et les Nôtres —

En premier lieu nous faisons la différence entre ordinateurs digitaux et analogiques.

Les processus de faits emmagasinent l'information en la codifiant en système de numération binaire, qui est mis en séquence sous forme de mots ou caractères qui se réduisent à des bits. La structure des unités arithmétiques est dessinée de façon a réduire la complexité des circuits.

Sur nos ordinateurs analogiques une série de modules convenablement interconnectés et avec des circuits spéciaux (intégrateurs, différenciateurs etc...) interprètent un quelconque traitement de l'information en forme de fonction analogique mais projetée avec des potentiels électriques, ce qui en résumé se réduit à une série de fonctions sinusoïdale d'amplitude fréquence et phase différente.

Au point de vue fonctionnel Nos appareils sont simultanément digitaux et analogiques. Par exemple quand se pose un problème de géométrie analytique nos unités de sorties procurent aussi bien des résultats quantitatifs

Notizen zu den Computern
auf anderen Planeten

A   Computer: „Erinnerungen *des [Wort schwer zu lesen, ist ein Eigen-name, Gitane?]'* (UMMO)

Es ist unmöglich, die physikalischen Eigenschaften unserer „Computer" zusammenzustellen.

Man kann jedoch die grundlegenden Unterschiede zwischen den irdischen Ausstattungen und Unseren herausarbeiten.

An erster Stelle ist zu nennen, dass Sie zwischen digitalen und analogen Computern unterscheiden.

Die Prozesse der Informationsspeicherung beruhen auf einer Codierung in ein System aus binärer Nummerierung, die als Abfolge Wörter oder Zeichen bilden, die zu „Bits" zusammengefasst werden. Die Struktur der arithmetischen Rechnung ist so entworfen, dass die Komplexität der Schaltkreise möglichst gering ist.

Auf Ihren analogen Computern interpretieren eine Reihe von Modulen, die ausreichend verknüpft sind und die spezielle Schaltkreise (Integratoren, Differenzierer) haben, eine beliebigen Behandlung der Information als analoge, aber mit Hilfe von elektrischen Potentialen übertragene analytische Funktion, woraus schließlich auf eine Reihe von Sinusfunktionen unterschiedlicher Amplitude, Frequenz und Phase entsteht.

Vom funktionellen Standpunkt her sind Ihre Apparate gleichzeitig digital und analog. Wenn zum Beispiel ein Problem der analytischen Geometrie zu lösen ist, verschaffen uns unsere Ausgabeeinheiten genauso gut quantitative, diskontinuierliche (digitale) Ergebnisse

discontinues (digitaux) (fournissant par exemple en unité de superficie, l'aire d'une hyperbole de révolution) que le graphique de son équation et la visualisation en 3 dimensions de son image (opérations analogiques.)

Bien entendu la sélection de l'équipement analogique qui intervient dans le traitement a été préprogrammée dans ce que vous appelez "routines" intégrées dans une unité de mémoires périphériques bien que le processus physique et les dénominations en constituent d'autres et par une opération de type digital en $\boxed{\text{base } 12}$ ces unités sont à leur tour répercutées dans le processus global —

B _ Base opérationelle

Il est certain qu'en utilisant des valvules électroniques ou des transistors dans vos circuits, il vous faut alors un type de codification que vous appelez BOOLIANA du type TOUT-RIEN (<1-) ZERO-UN — Les unités arithmétiques travaillent avec un degré de rendement et de fiabilité que vous n'obtiendrez pas en employant votre système de base 10 —

Ainsi des opérations en système binaire comme
$$101 + 111 = 1100$$
$$\uparrow(5) + (7)\uparrow = 12\uparrow$$
peuvent nécessiter, si les chiffres sont élevés, un grand nombre de bits pour être exprimés
Nos unités modules pour les ordinateurs basés en réactions chimiques et nucléaires a échelle microphysique

(wenn man zum Beispiel die Fläche einer Umlaufbahn in Oberflächenein-
heiten berechnen möchte) wie das Bild seiner Gleichung und die Visualisierung seines Bildes in drei Dimensionen (analoge Operationen).
Wohlgemerkt wurde die Auswahl der analogen Ausrüstung, die in die Behandlung einfließt, in dem was Sie „Routinen" nennen, vorprogrammiert
und zwar integriert in peripheren Speichereinheiten obwohl der physikalische Prozess und die Benennungen *[?? Sinn des folgenden unklar]*, die ihn
von anderen bilden und durch eine digitale Operation zur Basis 12 [um-
kästelt] werden die Einheiten ihrerseits auf/in den globalen Prozess zu-
rückgeworfen.

B_operationelle Basis

Durch die Verwendung elektronischer Ventile oder Übergänge in ihren
Schaltkreisen, brauchen Sie einen Kodierungsansatz den Sie BOOLEAN
der Art ALLES-oder-NICHTS (>1-), NULL-EINS nennen. Die arithmethi-
schen Einheiten arbeiten mit einem <u>Wirkungsgrad und einem Verlässlich-
keitsgrad, den Sie mit ihrem System zur Basis 10 nicht erreichen.</u>

Ebenso könnendie Rechnungen im binären System wie

101 + 111 = 1100
Pfeil (5) + (7) Pfeil = 12 (Pfeil)

eine große Anzahl an Bits erfordern, wenn die Zahlen groß sind.
Unsere modularen Einheiten für die Computer, die auf chemischen Reaktionen und Kernreaktionen auf der mikrophysikalischen Skala basieren,

unité de

et non memoires au Titane peuvent par contre opérer
en base réelle 12. comme je vais essayer de le montrer

Circuits Ampli et Circuits de Calculs

Les dispositifs ampli de Voltage ou d'inten-
-sité terrestres sont basés sur les propriétés de l'émission
cathodique par un électrode auxiliaire (grille) ou bien sur
les caractéristiques de germanium ou silicium dont nous ne
nous servons pas.

Il faut observer que d tels circuits n'amplifient
pas l'énergie, de plus la puissance de sortie est toujours
inférieure a celle de l'entrée (rendement inférieur a l'unité)
Ils amplifient seulement la tension au dépens de l'énergie
engendrée par une source énergétique auxiliaire (pile ou
redresseur de courant alterné) .

Nos éléments d'amplificateurs nucléiques ont
des caractéristiques totalement différentes.
— 1°) La base n'est pas électronique (ni de vide ou en état
Solido cristal) elle est nucléique (noyau de l'atome)
une faible énergie d'entrée (neutrons ou protons unitaires
tombant sur quelques atomes) provoquent par fusion de
noyau une grande énergie.
— 2°) on voit donc que le rendement est nettement supérieur
a l'unité - A la sortie de l'ampli élémentaire ou fonda
-mental nous obtenons cette énergie sous forme thermique
et non électrique quoique dans un processus postérieur
cette chaleur se transforme en énergie électrique

und unsere Speichereinheiten aus Titan, könnten im Gegensatz dazu auf der reellen <u>Basis 12</u> operieren, wie ich es nachfolgend zu zeigen versuchen werde.

<u>Verstärkerschaltkreise und Rechenschaltkreise</u>

Die Vorrichtungen zur Verstärkung der Spannung oder der irdischen Intensität basieren auf den Eigenschaften der Kathodenemmission durch eine Elektrode oder auch auf den Eigenschaften von Germanium oder Silizium, derer wir uns nicht bedienen.

Man beobachtet, dass diese Schaltkreise <u>die Energie nicht verstärken,</u> denn die Ausgangsstärke ist immer kleiner als die Eigengasstärke (immer kleiner als Eins). Sie verstärken nur die Spannung auf Kosten der von einer Hilfs-Energiequelle aufgewendeten Energie (Batterie oder Wechselstromgleichrichter).

Unsere Kernverstärkerelemente haben völlig andere Charakteristika.

– 1. Die Basis ist nicht elektronisch (weder im Vakuum noch im kristlallinen Festkörper) <u>sie ist nuklear</u> (<u>Atomkern</u>) eine schwache Eingangsenergie (unitäre Neutronen oder Protonen, die auf einige Atome treffen), <u>die durch Kernfusion eine große Energie erzeugt.</u>

– 2. Man sieht also, dass das Ergebnis größer als eins ist. Am Ende des elementaren Verstärkungsvorgangs – der mental ist, erhalten wir die Energie als <u>thermische, nicht-elektrische</u> Energie, obgleich diese Wärme in <u>elektrische Energie</u> umgewandelt wird.

43

— 3°/ La base de ces éléments étant purement atomique
(seules quelques unités entrent en jeu au lieu de
trillions d'atomes) le degré de miniaturisation est
extraordinaire pouvant emmagasiner de très complexes
circuits dans de volumes très réduits —

Dans les ordinateurs digitaux terrestres de équipes
appelés unités arithmétiques effectuent à grande vitesse
des opérations élémentaires — (sommes soustractions etc…) en
employant des modules transistorisés —

Nous, nous employons nos unités basées sur les
réactions chimico nucléaires à l'échelle microphysique
à la place de vos systèmes —

Pour cela nous employons quelques centaines
de ces réactions basiques choisies spécifiquement
pour que les nombres simples utilisés soient exprimés
en système de base 12

Par exemple la codification de cette addition,
et la vérification correspondante

$$12 + 1 = 13$$

Se réalise au moyen de cette réaction (dans laquelle
interviennent des micromasses parfaitement contrôlées
et non pas des billions d'atomes comme si les masses
en réaction étaient grandes)

$$C_6^{12} + H_1^1 = N_7^{13}$$

le résultat de ~~cette opération~~ la réaction est analysé
avec une précision extraordinaire et de nouveau
codifié pour une opération (en séquence) ultérieure

– 3. Diese Recheneinheiten beruhen rein auf atomaren Grundelementen
(nur wenige Einheiten von einigen Trillionen Atomen kommen ins Spiel)
der Grad der Miniaturisierung ist bemerkenswert und die Einheiten können sehr komplexe Schaltkreise in sehr kleinen Volumina beinhalten.

Auf den irdischen, digitalen Computern können Gleichungen, sogenannte arithmethische Einheiten mit großer Geschwindigkeit der elementaren Operatoren (Summen, Subtrationen, etc...) unter Verwendung
von Transistormodulen ausgeführt werden.

Wir dagegen verwenden Einheiten, die auf chemisch-nuklearen
Reaktionen beruhen auf der Mikrophysikskala anstelle von euren Syste-
men.

Dafür verwendenwir einige hunderte an Basisreaktionen, die spieziell dafür
ausgewählt wurden, damit die einzelnen Zahlen, die wir verwenden im
System zur <u>Basis 12</u> sind.

Zum Beispiel passiert die Codierung der nachfolgenden Addition
und die entsprechende Überprüfung

$$12 + 1 = 13$$

mit Hilfe der Reaktion (in die perfekt kontrollierte Mikromassen eingehen
und nicht Billionen von Atomen, wie wenn die Massen in der Reaktion
groß wären)

$$C_6^{12} + H_1^1 = N_7^{13}$$

Das Ergebnis ~~dieser Operation~~ dieser Reaktion wird mit einer außerge-
wöhnlichen Präzision analysiert und erneut durch eine weitere Operation
kodiert (und so fort) ...

44

La structure basique des Mémoires de Titane

Les ordinateurs digotaux terrestres utilisent généralement une mémoire centrale de noyaux magnétiques de
ferrite et diverses unités mémoires périphériques, de bandes
magnétiques, disques, tambours ou baguettes avec une bande
hélicoïdale

Ces unités sont donc capables d'accumuler, codifiés magné-
tiquement, un nombre très limité de "bits" (quoique les chiffres
soient de plusieurs millions).

Les temps d'accès sont par contre très acceptables.

Voyons maintenant d'une manière élémentaire la base
technique de nos accumulateurs de données en Titane —

Le problème se posa quand les antiques mémoires de
type photo électrique (grande superficie de sélénio dont les
chiffres étaient mémorisées sous forme d'impulsions ~~électriques~~
lumineuses qui, projetées sur ces plaques, étaient enregistrées
sous forme de points chargés électrostatiquement.) furent
insuffisantes (a cause du grand volume exige pour leur
fonctionnement) pour accumuler les milliers de Trillions
de chiffres qu'elles exigeaient, des millions de "routines et
données mémoriques" d'un programme de Calcul. (Nous
n'avons jamais utilisé une quelconque mémorisation
magnétostatique)

(On projeta pour la première fois de codifier
micro)physiquement (ni optique ni magnétique) les
données numériques ou caractères avec une base
quantique

Die irdischen digitalen Computer verwenden im Allgemeinen einen Zentralspeicher aus ferromagnetischen Kernen und verschiedene periphere Speichereinheiten, Magnetbänder, [Adjektiv unlesbar] Scheiben oder Stäbe mit einer spiralförmigen Spur.
Die Einheiten sind folglich in der Lage eine sehr begrenzte Zahl an „Bits" (in der Größenordnung von mehreren Milllionen Ziffern) anzusammeln, zu speichern und magnetisch zu kodieren.
Die Zugriffszeiten sind dagegen sehr akzeptabel.
Schauen wir uns nun auf elementare Weise die technische Grundlage unserere Datensammeler aus Titan an.

Das Problem stellt sich, wenn die antiken Erinnerungen des photoelektrischen Typs (Große *[Wort unklar: Selen- ?]* Oberfläche, auf denen die Ziffern als ~~elektrische~~ Lichtimpulse gespeichert wurden, die, nachdem sie auf diese Platten projiziert wurden, als elektrostatisch veränderte Punkte gespeichert wurden.) unzureichend wurden (aufgrund des großen Volumen, das zu ihrer Aufbewahrung benötigt wurde) um Millionen von Trillionen von Zahlen anzusammeln, Millionen von „<u>Routinen</u> *[oberes Anführungszeichen fehlt]* <u>und numerischen Daten</u> eines Rechenprogramms auszuführen. (Wir haben niemals eine irgendwie geartete magnetostatische Speicherung verwendet.)

Man plante zum ersten Mal die nummerischen Daten oder Zeichen mikrophysikalisch zu kodieren (nicht optisch, nicht magnetisch) auf der <u>Basis von Quanten</u>.

45

Nous savons que l'écorce électronique d'un atome peut exister pendant que les électrons atteignent différents niveaux énergétiques appelés "quantiques" sur la Terre.

Le passage d'un état a un autre est réalisé par libération ou absorption d'énergie quantifiée qui possède une fréquence caractéristique. Ainsi un électron d'un atome de Titane peut changer d'état dans l'écorce en libérant un photon mais dans l'atome de Titane, comme dans d'autres éléments chimiques, les électrons peuvent passer par différents états en emettant divers types de photons ou "quantums" de diverses fréquences. Vous appelez ce phéno-mène "spectre d'émission caractéristique de cet élément chimique" ce qui permet de l'identifier par mesure spec-troscopique.

Ainsi si nous réussissons a altérer a volonté l'état quantique de cette écorce électronique du Titane nous pouvons le convertir en porteur, stockeur ou accumulateur d'un message élémentaire: un NOMBRE.

Si l'atome est susceptible par exemple d'atteindre 12 (ou davantage) états, chacun de ces niveaux symbolisera ou codifiera un chiffre de ($>$ ou $\geq$) ZERO a DOUZE

De plus une simple pastille de titane comprend des billions d'atomes. Nous pouvons donc imaginer l'information codifiée qu'elle sera capable d'accumuler

Aucune autre base macrophysique de MEMOIRE ne peut lui être comparée.

Les blocs de titane utilisés doivent

Wir wissen dass die Elektronenhülle eines Atoms existieren kann, während die Elektronen verschiedene energetische Niveaus erklimmen, die auf der Erde die „Quantenniveaus" genannt werden.

Der Übergang von einem Zustand in den anderen geschieht durch die Abgabe oder die Aufnahme von gequantelter Energie, die eine charakteristische Frequenz besitzt. Genauso kann auch ein Titanatom den Zustand in der Hülle ändern, indem es ein Photon abgibt, aber im Titanatom, wie in anderen chemischen Elementen, können die Elektronen zwischen verschiedenen Zuständen wechseln, indem sie verschiedene Typen von Photonen oder „cuanten" *[nicht Quanten]* verschiedener Frequenzen aussenden. Wir nennen dieses Phänomen das „charakteristische Emissionsspektrum dieses chemischen Elements." Damit lässt sich das Element durch eine spektroskopische Messung identifizieren.

Wenn es uns gelingt den Quantenzustand der Elektronenhülle des Titans willkürlich zu ändern, können wir es in einen Ladungsträger, einen Lagerungszustand oder einen Akkumulationszustand umwandeln mit einer elementaren Nachricht: eine Zahl.

Wenn das Atom zum Beispiel 12 (oder noch mehr) verschiedene Zustände einnehmen kann, dann repräsentiert oder <u>kodiert</u> jedes dieser Niveaus eine Zahl von (> oder ≥) Null bis 12.

Darüber hinaus enthält ein kleiner Titanchip Billionen von Atomen. Wir können uns also die kodierte Information vorstellen, die dieser Chip speichern kann.

Keine andere makrophysikalische „Speicherbasis" kann vergleichbares leisten.

Die verwendeten Titanstücke müssen

représenter une <u>structure cristalline parfaite</u> et un degré de pureté chimique de <u>rendement 100%</u>

Il suffirait qu'il y ait certains atomes d'impureté (fer, molybdène silicium etc.) pour que le bloc soit inutilisable —

Vous devez vous demander comment on peut avoir accès a ces atomes 1 par 1 pour les codifier en les excitant ou pour extraire l'information accumulée (décodification)

c'est très simple !—

Sur un bloc de titane tombent 3 faisceaux, de section infinitésimale et de fréquence très élevée (capables de traverser le bloc sans affecter les noyaux des atomes (en affectant par contre les écorces electroniques respectives) on utilise par exemple des fréquences de l'ordre de $8.35 \cdot 10^{21}$ cycles seconde et différentes pour chaque faisceau (sont les générateurs de fréquence —

Ces fréquences très élevées tombent en dehors du spectre caractéristique du Titane car ces faisceaux consi-dérés independamment ne sont pas capables d'exciter un par un ses electrons corticaux —

Mais cela ne se passe pas ainsi quand les 3 rayons tombent simultanément sur un atome spécifique. Alors la superposition ou mélange des trois fréquences provoque un effet que vous connaissez depuis longtemps appelé "battage" ou "hétérodyne" et qui donne pour résultat une fréquence beaucoup plus basse qui coïncide avec n'importe quelle raie spectrale du Titane.

eine <u>perfekte Kristallstruktur</u> aufweisen und einen Grad an chemischer Reinheit von genau <u>100 %</u>.

Einige wenige Verunreinigungsatime (Eisen, Molybden, Silicium etc...) reichen aus, um das Stück unbenutzbar zu machen.

Sie werden sich fragen, wie man Zugriff auf jedes Einzelne der Atome haben kann, um sie anzuregen und ihre Codierung festzulegen oder um die gespeicherte Information abzurufen (Entschlüsselung).

Das ist sehr einfach.

Auf ein Titanstück fallen drei Strahlenbündel mit infinitesimalem Querschnitt und sehr hoher Frequenz ein (die den freien Raum durchqueren können ohne die Atomkerne zu beeinflussen *[keine Klammer zu]* (indem sie stattdessen die jeweiligen Elektronenhüllen beeinflussen.). Man verwendet zum Beispiel Frequenzen der Größe 8.35×10^{21} Zyklen pro Sekunde und die Frequenzgeneratoren sind für jeden Strahl [oben eingefügt: x,y,z] unterschiedlich.

Die sehr hohen Frequenzen sind außerhalb des charakteristischen Spektrums von Titan, denn die als unabhängig angesehenen Frequenzen sind nicht in der Lage die Hüllelektronen einzeln anzuregen. -

Aber wenn drei Strahlen gleichzeitig auf ein „spezifisches" Atom fallen, dann passiert etwas anderes. Die Superposition oder Mischung der frei Frequenzen ruft einen Effekt hervor, den Sie schon lange kennen und der als „Überlagerungseffekt" oder „heterodyn" bezeichnet wird und der eine viel geringere Frequenz zum Ergebnis hat, die mit jeder beliebigen Spektrallinie des Titans übereinstimmen kann.

L'atome est donc excité et comme les 3 faisceaux orthogonaux peuvent se déplacer dans l'espace avec une grande précision, ils localisent tous les atomes du bloc 1 par 1_

Le processus decodificateur qui oblige l'écorce électronique à revenir à son état quantique initial se réalise de manière inverse

Dans la pratique on utilise pour chaque atome de Titane seulement 10 états quantiques, ce qui signifie que pour chaque chiffre codifié quantiquement (base 12) nous devons exciter non pas 1 mais 2 atomes (10+2)

Comme une fois codifié l'atome est revenu à son état initial, à l'inverse d'un noyau toroïdal de ferrite qui donne son information (sans perdre son excitation magnétique) un nombre indéfini de fois _

Chaque chiffre codifié se répète des centaines de milliers de fois pour posséder une accumulation suffisante d'information _

Il est très important que les atomes possèdent une grande stabilité spaciale dans le cristal de Titane, car une quelconque oscillation thermique rendrait impossible sa localisation par les 3 faisceaux de haute fréquence. Le cristal de Titane travaille à température égale au zéro absolu _

Entrées et sorties dans nos cerveaux électroniques

Dans vos ordinateurs vous utilisez divers codes de programmation ou langages intelligibles par des

Das Atom wird also angeregt und da die drei orthogonalen Strahlen mit großer Präzision im Raum positioniert werden können, können sie die Atome des Titanstücks einzeln lokalisieren.

Der Prozess des Auslesens, der es erfordert, dass die Elektronenhülle in ihreren initialen Quantenzustand zurückkehrt, geschieht auf umgekehrte Weise.

In der Praxis verwendet man für jedes Titanatom nur 10 Quantenzustände, das heißt, dass wir für jede quantitativ dargestellte Ziffer (zur Basis 12) nicht 1, sondern 2 Atome anregen müssen (10 + 2).

Einmal kodiert kehrt das Atom in seinen Ausgangszustand unter Umkehr eines toroidalen Ferrit-Kerns zurück, der seine Information (ohne seine magnetische Anregung zu verlieren) unendlich oft zur Verfügung stellt.

Jede kodierte Zahl wiederholt sich hunderte Millionen mal um signifikante Ansammlungen von Informationen zu erhalten.

Es ist sehr wichtig, dass die Atome eine große räumliche Stabilität in dem Titan-Kristall aufweisen, denn jedwede thermische Oszillation machte die Lokalisation durch die drei Strahlenbündel hoher Frequenz unmöglich. Der Titankristall arbeitet bei am absoluten Temperaturnullpunkt.

<u>Dateneingang und Ausgang in unsere elektronischen Gehirne</u>

Auf Ihren Computer verwenden Sie verschiedene Programmcodes oder allgemeinverständliche Sprachen mit

§48 équipements hétérogènes. Ainsi nous avons
envisagé des langages machines comme le Fortran
COBOL, PAF ALGOL, PROLOG, UNCOL — etc —

Pour introduisez cette information codifiée au
sein de l'ordinateur au moyen de carte, bande perforée
magnétique ou lecture optique et magnétique de caractère
typographique —

D'autre part les résultats aux résolutions du problème
sont obtenus dans les ordinateurs digitaux ou analogiques
par divers équipements de sortie (oscillographe à rayon catho.
inscripteurs typo, perforateurs de bandes ou traceurs de courbes)

Nos ordinateurs eux absorbent directement les
données du problème et la rédaction de l'exposé. (il faut
que ce dernier soit toujours très bien formulé) en langage
standart et fournit en caractère typo ou phonétiquement

Une reprogrammation complexe accumulée dans
l'ordinateur ou bien dès la fabrication de l'équipement,
interprete les élements logiques de l'exposé, absorbe les
données standardisées et en cas de doute l'expose grâce
à l'équipement des sorties de données.

L'obtention des résultats est obtenue par 3 types
de visualisateurs d'images :
1°) des imprimeurs (typo. ligne, et encre dégradée,
    polychrome ou blanc et noir)
2°) Visualisateurs numériques (simples compteurs
    de base 12).
3°) Visualisateurs Tridimensionnels et plus (si besoin)
    d'images —
Ces ordinateurs ou Titans (cristaux) fonction

heterogener Ausstattung. Weiterhin verwenden Sie Maschinensprachen wie Fortran, CBOL, PAF [Komma fehlt, Recherche notwendig heißt die Sprache PAF ALGOL?] ALGOL, PROLOG, UNCOL, etc...

Sie führen die Informationen, die im Innersten des Computers codiert sind, mit Hilfe von Karten, magnetischen Lochbändern oder optischer und magnetischer Auslesung von typographischen Buchstaben ein.

Im Übrigen werden die Ergebnisse der Problemlösung mit den digitalen oder analogen Computer mit Hilfe verschiedener Ausgangsgeräte (Kathodenstrahloszilloskop, Schrift- *[Wort unleserlich]*, Lochkartenschreiber, Kurvenschreiber) erhalten.

Unsere Computer hingegen lesen direkt die Daten der Fragestellung und die - in Standardsprache und als geschriebene oder phonetische Zeichen gelieferte -Ausarbeitung des Exposes (der letztere muss <u>immer sehr gut formuliert sein</u>) ein.

Eine komplexe Vorprogrammierung, die entweder im Computer gespeichert ist oder aus der Herstellung der Ausrüstung stammt, interpretiert die logischen Elemente des Exposes, liest die standardisierten Daten ein und falls es Zweifel gibt werden sie der Ausrüstung <u>am Ausgang</u> der Daten ausgesetzt.

Die Ergebnisse werden durch drei Arten der Visualisierung erhalten.

1. Drucker (Schriftsatz, Linie und gegradierte Mine *[??? Wörter unleserlich]* in Farbe oder schwarz-weiß)

2. Numerische Visualisierung (einfache Zähler zur Basis 12)

3. Drei- und wenn (falls nötig) höher dimensionale Visualisierung von Bildern

Die (kristallinen) Titankomputer *[Wort unleserlich, funktionieren?]*

sur plusieurs planètes . (UMMO - KIRIS - MS 92 - 49
CBTEPA. du Cénacle _ KLM 2 _ ASTER _ ......)

Formules Mathématiques concernant
les particules lumineuses _

$$E = \frac{m^{\circ} c^2}{\sqrt{1-\beta^2}} \quad p = \frac{m^{\circ} \beta c}{\sqrt{1-\beta^2}} \quad \text{avec } \beta = V/c < 1$$

Si V est plus grand que c ou β plus grand que 1 on pose

$$m_0 = \mu i \quad (i = \sqrt{-1} \ ) \ \mu \ \text{étant réel}$$

et on obtient

$$E = \frac{\mu c^2 i}{\sqrt{\beta^2-1}} \quad p = \frac{\mu \beta c}{\sqrt{\beta^2-1}} \quad V > c \ \beta > 1$$

(m_0 = masse au repos) (V = vitesse constante)

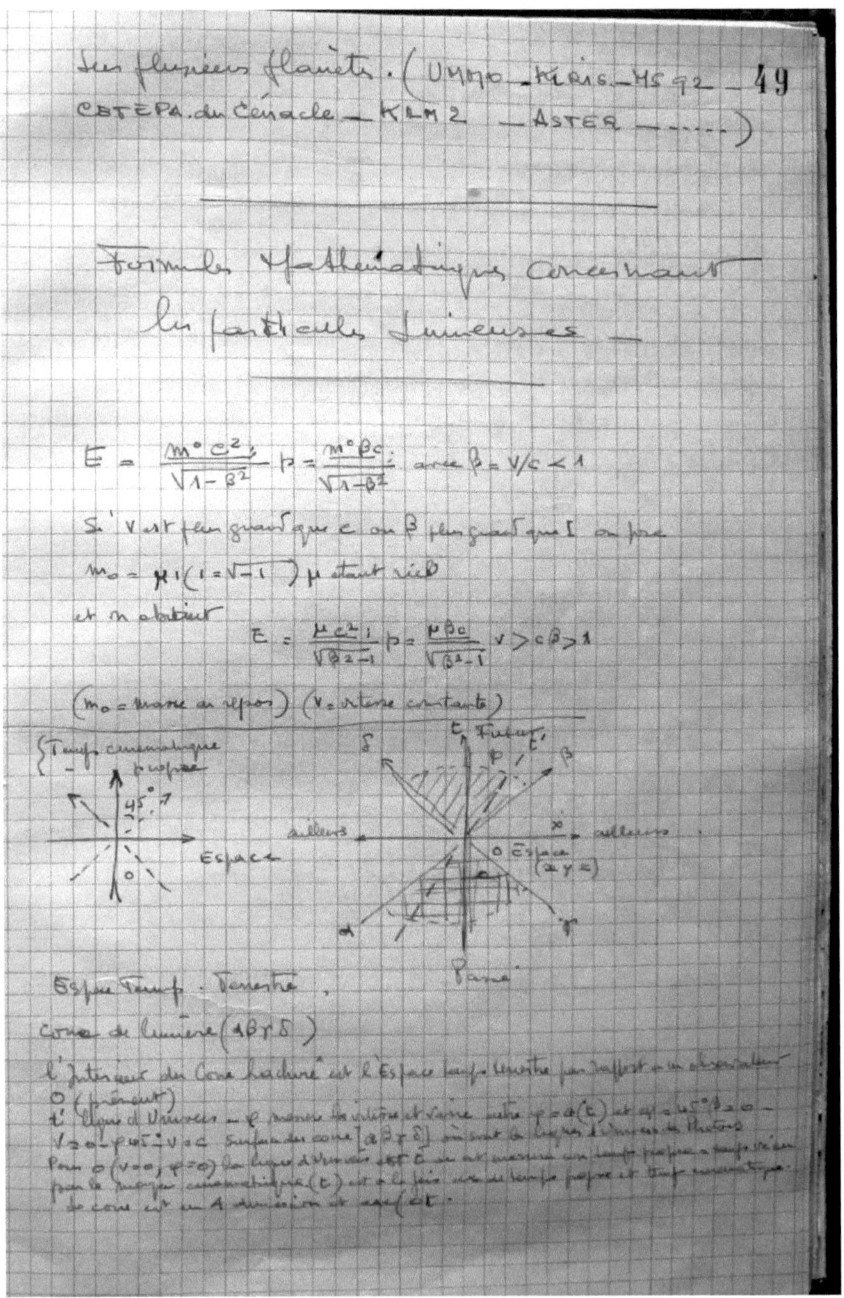

Espace Temps . Terrestre ,

cône de lumière (αβγδ)

l'intérieur du cône hachuré est l'Espace temps terrestre pour l'effet ou un observateur
O (présent)
t' ligne d'Univers ou φ mesure la vitesse et varie entre φ = o (t) et φ = 45° t = o _
V = o - φ = 45° = V = c surface du cône [αβγδ] où sont les lignes d'Univers des Photons
Pour o (V = o , φ = o) la ligne d'Univers est O ou on mesure un temps propre = temps série
par le moyen cinématique (t) et à la fois une de temps propre et temps cinématique
le cône est en 4 dimension et axe/ t .

102

auf mehreren Planeten (UMMO_K1R1S_MSq2 *[MS92?]* _ CETEPA/CETEDA
des Kreises_KLM2, ASTER_...) *[Namen der Planeten unsicher]*

Mathematische <u>Formel zu den Leuchtpartikeln</u>

$$E = \frac{m_0\,c^2}{\sqrt{1-\beta^2}}, \quad p = \frac{m_0\,\beta c}{\sqrt{1-\beta^2}}; \qquad \text{mit } \beta = v/c < 1$$

Wenn V größer als c ist oder β größer als 1, setzt man
m0 = µ1(1 = $\sqrt{-1}$), µ ist reell

und man erhält $\qquad E = \frac{\mu\,c^2}{\sqrt{\beta^2-1}}\,i; \quad p = \frac{\mu\,\beta c}{\sqrt{\beta^2-1}} \qquad$ v > cβ > Λ *[? Oder 1?]*

<u>(m0 = Ruhemasse) (v = konstante Geschwindigkeit)</u>

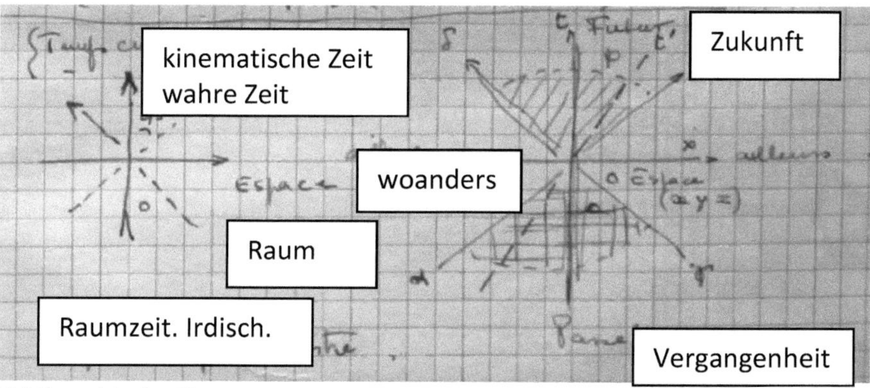

Lichtkegel (α β γ δ)
Das Innere des schraffierten Konus ist die irdische Raumzeit für einen Beobachter
O (Gegenwart).
t' ist die Gerade des Universums_ φ misst die Geschwindigkeit und variiert zwischen φ=0 und φ=45° *[Zeichen unleseserlich, omega? = Unendlichzeichen?]* V=0-
φ45°-V=c *[unsicher, ob es Minuszeichen oder Unterstriche sind]* Die Fläche des
Konus (α β γ δ), worin die Linien des Universums der Photonen sind *[Bedeutung
unklar]*
Für 0 (V=0, phi=0) ist die Linie des Universums t' oder at? *[der ganze Abschnitt ist
schwer lesbar, irgendwie unscharf...]* misst die Eigenzeit/wirkliche Zeit= Zeit vc' en
[unklar] mittels des kinematischen Mittels. (t) ist gleichzeitig die Achse der Eigenzeit und der kinematischen Zeit. Der Konus ist in A/4 dimensional und Achse(ot.
[Klammer Zu fehlt.]

Espace Temps cosmique.

La vitesse étant par définition l'espace parcouru divisé par le temps mis à le parcourir soit $V = \dfrac{x}{t}$

Si toutes les vitesses terrestres sont inférieures à la lumière soit $V < c$ si nous rapportons V à c nous aurons $\dfrac{V}{c} = \dfrac{x}{ct} < 1$

Si on prend pour V la vitesse lumière alors $c = 1$ et $V = \dfrac{x}{t}$ sera toujours plus petit que 1 ($V < 1$) mais pour la lumière les photons on aura $V = 1$ soit $x = t$ ce qui correspond bien à un angle de 45°

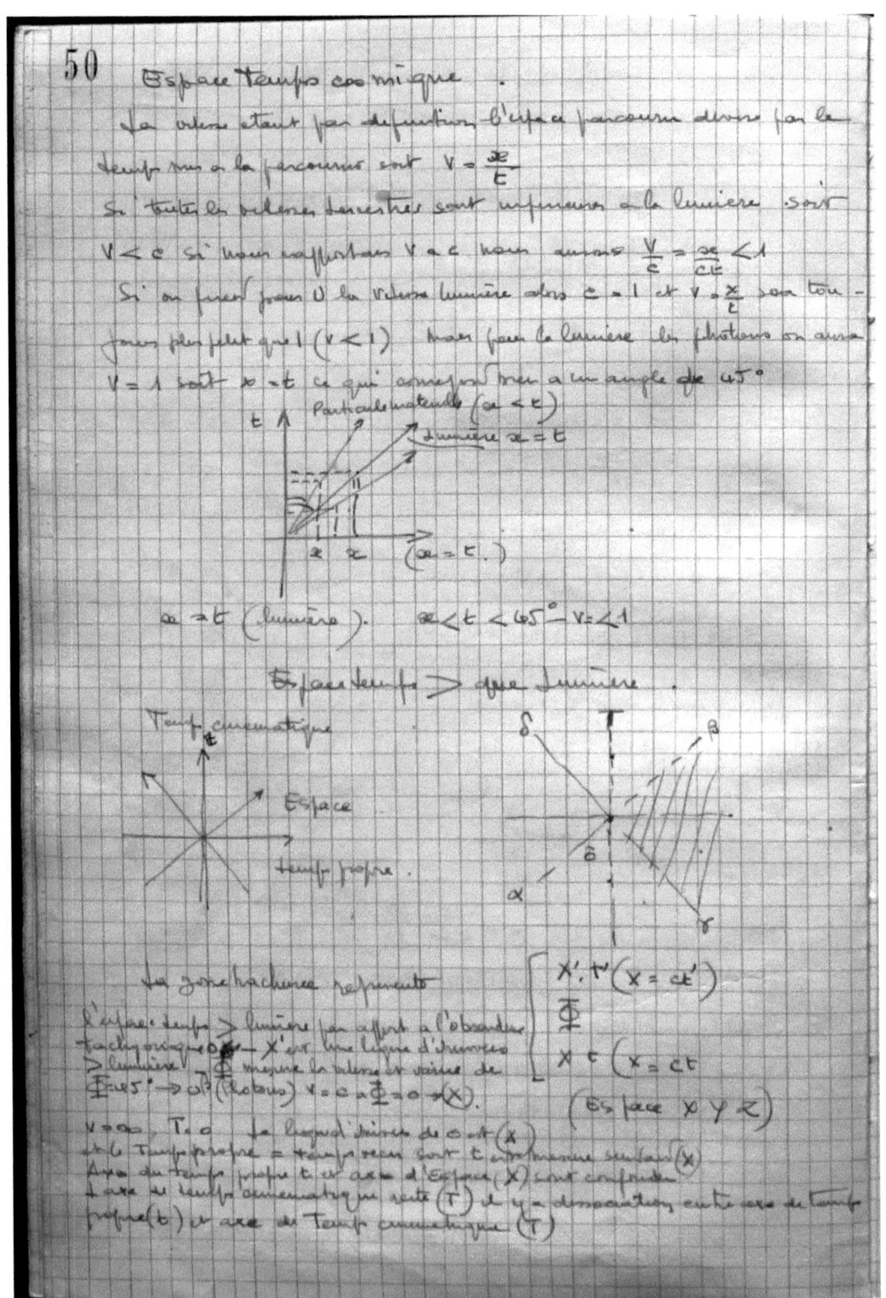

$x = t$ (lumière). $x < t$ $< 45°$ $V = < 1$

Espace Temps $>$ que lumière.

La zone hachurée représente

$\begin{cases} X' . T' \ (X = ct') \\ \Phi \\ X \ t \ (x = ct \\ (\text{Espace } x \ y \ z) \end{cases}$

l'espace temps $>$ lumière par rapport à l'observateur tachyonique $O \to X'$ est une ligne d'univers $>$ lumière Φ mesure la vitesse et varie de $\Phi = 45° \to O$ (tachyons) $V = c$ à $\Phi = 0 \to (X)$.

$V = \infty$, $T = 0$ la ligne d'univers de O à (X) et le Temps propre = temps vécu soit t a la même surface. Axe du temps propre t et axe d'Espace (X) sont confondus. L'axe du temps cinématique reste (T) il y a dissociation entre axe du Temps propre (t) et axe du Temps cinématique (T)

Kosmische Raumzeit

Die Geschwindigkeit ist per Definition der durchlaufene Raum geteilt durch die Zeit für das Durchlaufen also v=x/t

Wenn alle irdischen Geschwindigkeiten kleiner als die Lichtgeschwindigkeit sind v<c und wenn wir v mit c verknüpfen haben wir v/c=x/ct>1.

Wenn man für U die Lichtgeschwindigkeit nimmt, also c=1 dann ist v=x/t immer *[Wort unleserlich: größer?]* 1 (v<1), aber für das Licht, die Photonen, hat man v=1, wenn x=t was genau einem Winkel von 45° entspricht.

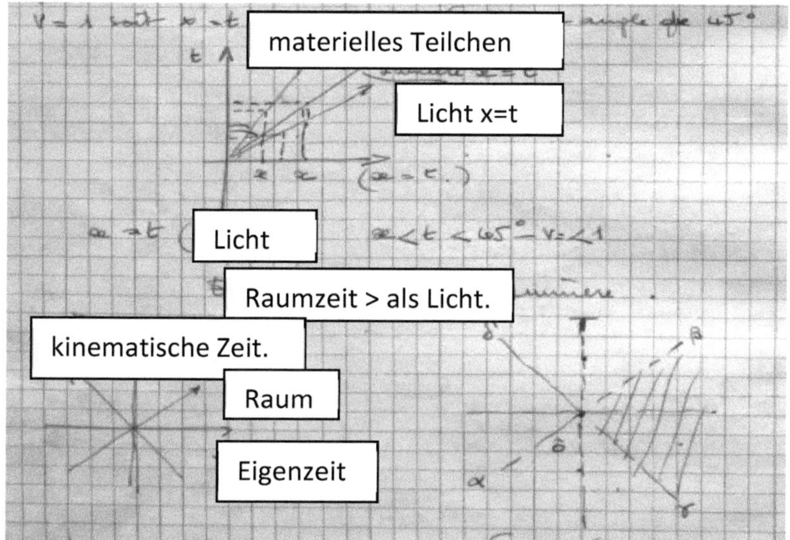

Die schraffierte Zone stellt den Bereich dar, in dem für einen Beobachter die Raumzeit > als das Licht ist 0 _X' ist eine Universumslinie > als die Lichtgeschwindigkeit_ Φ misst die Geschwindigkeit und *[???]* von Φ=45° -> 0ß (Photonen v=c a Φ= 0->X).

[an der Seite:] X', t (x=ct') PHI, X t (x=ct) (Raum xyz)

v=unendlich, T=0 die Universumslinie von 0 ist (x) und die Eigenzeit = erhaltene Zeit wenn t das Maß nach (X) ist,

A_y, die Achse der Eigenzeit t und ax die Achse des Raumes(X) sind vertauscht.

Die kinematische Zeitachse *[Wort unleserlich]* (T) gibt es Trennungen zwischen der Eigenzeitachse (t) und der kinetischen Zeitachse (T)

Une fois ceci compris on peut passer a la resolution de l'Energie Universelle constituant l'Eternel Present dans une passe future

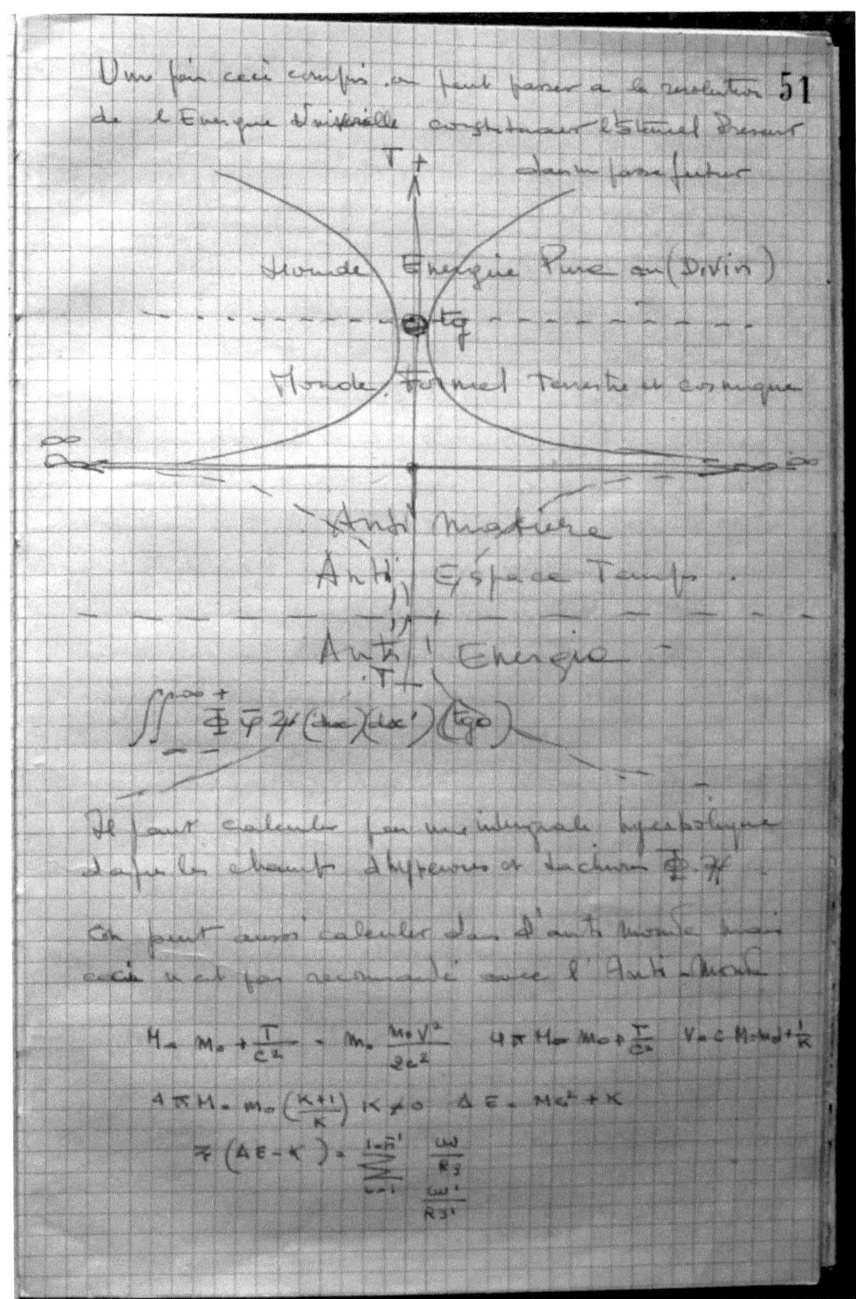

$$\iint_{-\infty}^{+\infty} \pm \oint \overline{\varphi}\, \mathcal{H}\, (dx)(dx')\, (tg\theta)$$

Il faut calculer par une intégrale hyperbolique dans les champs d'hyperons et tachyons $\Phi \cdot \mathcal{H}$.

On peut aussi calculer dans d'autre monde mais ceci n'est pas accumulé avec l'Anti-Monde

$$M = M_0 + \frac{T}{c^2} = M_0 \frac{M_0 v^2}{2c^2} \qquad 4\pi M = M_0 + \frac{T}{c^2} \qquad V = c \sqrt{M + M_0} + \frac{1}{K}$$

$$4\pi M = M_0 \left(\frac{K+1}{K}\right) \quad K \neq 0 \qquad \Delta E = Mc^2 + K$$

$$\mathcal{H}(\Delta E - K) = \sum_{i=1}^{i=n} \frac{1-n^1}{\dfrac{\omega}{R_3}} \dfrac{\omega^1}{R_3^1}$$

Ist das einmal verstanden, können wir zu der Universellen Energie weiter-
gehen, die die Gegenwart Gottes in einer zukünftigen Vergangenheit *[un-
sicher ob es das heißen soll]* ausmacht.

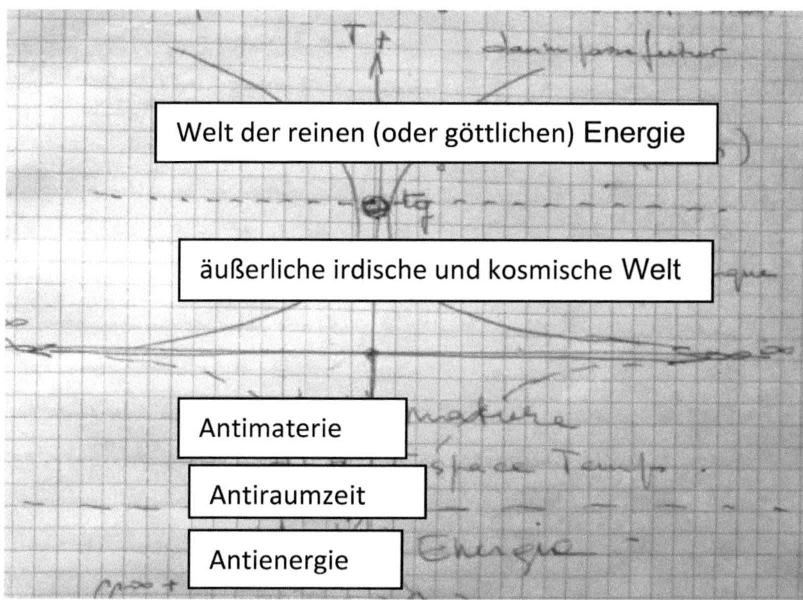

Man muss das Feld der Hyperonen und Tachionen PHI und H*[??]* mit ei-
nem hyperbolischen [adjektiv unleserlich] Integral ausrechnen
Man kann auch in anderen Welten rechnen, aber das ist nicht mit der Anti-
Welt zu empfehlen.

52 Science sans Conscience n'est que ruine de l'Âme
(Boileau)

Informations sur le danger nucléaire
que fait courir les Terriens non seulement à la
planète Terre mais aussi aux Mondes invisibles des
Mondes parallèles et ultra dimensionnels se situant
entre la 3ème et la 4ème en particulier

Début / A

Lorsque les Terriens ont retrouvé la puissance nucléaire
grâce à certaines incarnations de savants atlantéens ont autre
une surveillance accrue s'est de la planète Terre
s'est fut rendu obligatoire après décision du
Conseil galactique. Des accidents regrettables graves
s'étant déjà produit dans le passé : dans ce système solaire
la ceinture d'astéroïdes se trouvant entre Mars et Jupiter
qui est le résultat de l'explosion de la planète qui existait
alors jusqu'à ce que ses habitants retrouvèrent la force
nucléaire et s'en servent dans un but non louable pour
et asservir
dominer leurs semblables — la seule différence avec la découverte
des Terriens est que l'Energie retrouvée est extérieure c'est à dire
provenant de la désintégration d'un objet, d'un élément physique et
non de la force nucléaire universelle qui est en Nous dans les différents
plans de la constitution de l'Être —

On sait que dans chaque plan Physique Astral Mental se trouve
un sous plan qui est l'atome permanent du plan et ces atomes sont
tous reliés entre eux de sorte que sur le plan cosmique Vibratoire
Tout ce qui se trouve dans les mondes invisibles dépendant de
ces sous vibrations qui sont leur Physique dense —

Wissenschaft ohne Bewusstsein ist wie *[Wort unleserlich]* der Seele (Bor-
leau) [Pfeil]

Informationen über die nukleare Gefahr, die die Erdenbürger nicht nur
auf dem Planeten Erde sondern auch in den unsichtbaren Welten umgibt.
Die Parrallel- und ultradimensionellen Welten, die sich ~~andere Dimensio-
nen~~ speziell zwischen der 3ten und der 4ten befinden.

[an der Seite] Zu Beginn

Wenn die Erdenbürger die Nuklearmacht dank der Inkarnation einiger unter anderem atlantischer Wissenschaftler wiedererlangt haben, wird gemäß der Entscheidung des galaktischen Rates eine gesteigerte Überwa-
chung des Planeten Erde erforderlich werden.

Bedauerliche schwere Unfälle haben sich bereits in der Vergangenheit er-
eignet: Der Asteriodengürtel, der sich in diesem Sonnensystem zwischen
Mars und Jupiter befindet, ist die Folge der Explosion eines Planeten, der
dort solange exstierte, bis seine Bewohner die Kernkraft fanden und sich
ihrer mit dem wenig rühmlichen Zweck bedienten, die ihresgleichen zu
dominieren und umzubringen. Der einzige Unterschied mit der (dazuge-
fügt: Wieder-) entdeckung durch die Erdenbürger ist, dass die wiederge-
fundene Energie eine äußere ist, d.h. dass sie von dem Zerfall eines physischen Objekts oder eines Elements stammt und nicht von der universellen
Kernkraft, die in uns, in *den [Adjektiv unleserlich: unterschiedlichen?]* Kon-
stitutionsplänen der Wesen steckt.

Man weiß, dass sich in jedem physischen, astralen, mentalen Plan ein Unterplan verbirgt, der der permanente Grundbaustein des Plans ist und
diese Grundbausteine sind alle untereinander in der Art verbunden, dass
auf dem *[Wort unleserlich]* Plan *[Rest des Satzes unleserlich]*.

Alles was sich in den unsichtbaren Welten befindet, hängt von diesen Un-
terschwingungen ab, die ihre feste physikalische Form ausmachen.

Fait en Espagne à la Cava _ Sept 92 (1/15)

Prévision Sur les Evénement Cataclysmiques qui vont se dérouler
sur la Planète et explication des effets nucléaires
(X)(X)(I) sur les corps invisibles et sur l'Âme

Lorsque les tremblements intense majeurs ébranleront la Californie
l'État ne s'affaissera pas complètement tout de suite, mais un autre
tremblement de terre majeur viendra s'écrouler les failles du Mississippi
Ce tremblement de Terre du Mid west sera un avertissement et
dans les 12 heures suivants un Second T. d T. dévastateur
brisera le continent. Après cela surviendront les poussées
Majeure tout autour du globe – Los Angeles . New York .
et suivant la Méditerranée (Italie Grèce Afrique Nord .
L'activité des Taches Solaires sera la Cause d'une chaleur
Intense, de maladie et de folie _ Ne pas s'exposer au soleil
à ce moment là . Ces Taches vont faire incliner l'Axe
terrestre davantage ce qui provoquera des changements
climatiques plus évidents que maintenant _

(X) l'orbite des planètes et du Système solaire se modifieront
Cause des Energies supérieures exprimés dans la région Spléniques
(entre autres par Orion et Sirius Pléiades —
et une haute radiation cosmique vont faire s'interchanger les
atomes des différents plans et univers qui provoqueront
de nouvelles maladies inconnues puis les SAS (actuellement

Un autre cataclysme solaire est actuellement en route
directe pour occuper notre position dans l'espace ce qui
provoquera en outre de perturbations dans le champ électro –
magnétique de la terre . (X) (2)A ⟶ voir 2 B (E)

El outre Sur le Plan Cosmique et Historique
Sur la question Atomique et leur comprendre (B) que la
Suite

Angefertigt in Spanien in la Cava *[richtig?]* Sep. 92 (1/15)
Vorhersage der kathastrophalen Ereignisse, die sich auf diesem Planeten abspielen werden und Erklärung der nuklearen Effekte auf die unsichtbaren Körper und auf die Seele.

IA X D (im Kreis)

Wenn täglich Erdbeben Kalifornien *[Verb unleserlich: erschüttern?]* wird der Staat sich nicht sofort und vollständig betätigen, aber ein weiteres großes Erdbeben wird sich an der Mississippi-Spalte abspielen. Dieses Erdbeben in Mittleren Westen wird eine Vorwarnung sein und in den nächsten 12 Stunden wird ein zerstörerisches Erdbeben *[Er benutzt hier die Abkürzung T dT für Tremblement de terre, Erdbeben]* *[Verb unlesbar]* den Kontinent *[Verb unleserlich]*. Danach *[Verb unleserlich, erheben?]* sich riesige Staubwolken rund um den Globus – Los Angeles, New York und rund um das Mittelmeer (Italien, Griechenland, Nordafrika).
Die Aktivität der Sonnenflecken wird Grund für eine starke Hitzewelle sein, für Krankheit und Wahnsinn. Man darf sich in diesem Moment nicht der Sonne aussetzen. Die Sonnenflecken werden die Erdachse noch mehr neigen, und das wird noch größere Klimaveränderungen hervorrufen, als zur Zeit.

Die Umlaufbahn der Planeten und des Sonnensystems ändern sich aufgrund der in der spärischen Region hervorgerufenen höheren Energien [Zwischenzeile eingefügt(unter anderem durch ORION und SIRIUS Pleiaden_)] und eine hohe kosmische Strahlung ganz *[um?]* *[sich eintreten?]* *[schockieren?]* die Atome der unterschiedlichen Ebenen und Dimensionen, was neue *[adjektiv unlesbar:unbekannte?]* Krankheiten dann öffnen sich die [oben eingefügt dimensionelle] „SAS" *[Satz unklar]*.
  Ein anderes Sonnensystem ist zur Zeit auf dem Weg dahin, unsere Postion in dem Raum einzunehmen, was unter anderem Störungen des elektromagnetischen Erdfeldes hervorruft. X (im Kreis), 2 (im Kreis)
A ⟶ Siehe 2B E (im Kreis)

Unter anderem über die kosmischen Vibrationsebene
Folge   B im Kreis
Die Atomfrage betreffend muss man verstehen, dass das

54 VIE est composée de millions d'Atomes. C'est la structure la plus visible
et visible au niveau le plus bas que puisse capter votre monde physique
— A l'intérieur de l'Atome existe la contrepartie exacte de l'Univers
extérieur — c'est l'Univers Intérieur — Cet Univers n'est pas visible par
les sens humains ou par les instruments scientifiques des terriens étant
donné Sa constitution. Seule la vision "dite spirituelle" peut percevoir
ces mondes et ces niveaux dimensionnels. La Science des Etherons
est une application des principes de la substance dont est composé
l'Atome ✗ la vitesse à laquelle un atome vibre dans "la matière"
constitue l'unique domaine de la création qui puisse servir de support
aux Formes-Pensées — Par exemple une roche vibre très lentement
tandis que l'homme fait vibrer + vite durant le développement
"spirituel" de son Ame. Tout ce qui existe dans la planète partage
une substance commune de l'Espace qui entoure les Atomes. Au
travers de cet espace coule la Force de Vie qui relie Toutes les
Créations entr'elles, que ces dernières se trouvent sur la planète
ou à l'intérieur — Aussi imaginez ce qui se passe lorsque l'on
fait exploser une bombe atomique qui provoque une Scission
violente de la structure atomique ou que ce soit —
La Force de vie qui circule à travers l'éther aussi rapidement
que les pensées et toute structure atomique, peut commencer à
accélérer sa vibration ce qui peut agir sur le temps et l'espace
mais le plus grave est la destruction produite sur l'AME
    Il est désastreux pour la croissance de l'Ame d'être
confrontée à une pleine radiation nucléaire — on a tendance
à croire que les 4 corps inférieurs se trouvent séparés
par le Temps et l'espace. C'est faux — Ce qui arrive au
corps physique au cours d'une atteinte nucléaire affecte
tout autant les corps non physiques de part les Atomes

Leben aus Millionen von Atomen besteht. Es ist die unsichtbare Struktur
die nur auf dem tiefsten Niveau sichtbar ist, die Ihre physische Welt be-
schreiben kann.

– Im Inneren des Atoms gibt es das exakte Gegenstück des äußeren Universums, das Innere Universum_ Dieses Universum ist mit den menschlichen Sinnen oder den irdischen wissenschaftlichen Instrumenten nicht
sichtbar, da sie aus dieser Materie bestehen. Allein das sogenannte „Spirituelle" Sehen kann diese Welten und die Dimensionsniveaus wahrnehmen.
Die Wissenschaft der *Etherons [ich weiß nichtob das ein Planet oder ein
Volk ist und kann es deshalb nicht in die entsprechende Form setzen]*
wendet die Grundprinzipien der Substanzen aus denen das Atom besteht
an. ✖ Die Geschwindigkeit mit der ein Atom in „Materie" vibriert, stellt
das einzige Gebiet der Schöpfung dar, das als Unterstützung der Formen,
Gedanken dienen kann. Zum Beispiel vibriert ein Fels sehr langsam, wo-
hingegen ein Mensch gemäß der „spirituellen *[besser:geistigen?]*" Entwicklung seiner Seele schneller vibrieren kann. Alles was auf dem Planeten
existiert, teilt eine gemeinsame Substanz des Raumes der die Atome
umgibt. Durch diesen Raum fließt die Lebenskraft, die <u>ALLE Schöpfungen
miteinander verbindet</u>, dass die letzten sich auf dem ovalen *[??]*, dualen
[??] Planeten befinden. Stellen sie sich vor, was sich abspielt, wenn man
eine Atombombe explodieren lässt, die eine heftige Kernspaltung der be-
teiligten atomaren Struktur hervorruft.
Die Lebenskraft, die genauso schnell durch den Ether zirkuliert, wie die
Gedanken und die ganze atomare Struktur, um nur einige zu nennen, kann
anfangen seine Schwingungen zu beschleunigen, was Auswirkungen auf
die Zeit und den Raum hat, schlimmer noch ist jedoch die dadurch hervor-
gerufene Zerstörung <u>der SEELE</u>.

Für die Entwicklung der Seele ist es katastrophal einer nuklearen Strahlung ausgesetzt zu sein. Man tendiert dazu zu glauben, dass die 4 niederen Körper in Raum und Zeit getrennt sind. Das ist falsch. Was mit dem
physischen Leib durch durch eine nukleare Dosis geschieht, betrifft ganz
genauso den nicht-physischen Körper auf Seiten der dauerhaften Atome

...les manuels de chaque corps et plans qui sont reliés entre eux

L'Âme peut être affectée de la manière la plus grave et toute attaque ou essai nucléaire est une atteinte à l'Âme des autres dans les mondes visibles et invisibles car les effets nucléaires affectent l'enveloppe Physique des individus et selon la distance où se trouve en dernier du point d'impact l'enveloppe Physique peut être mutilée de manière permanente ou même être complètement détruite, anéantie.

Normalement ceux dont les champs d'énergie sont affectés de la sorte meurent ou rapidement non seulement à cause de la radiation mais surtout parce que la LUMIERE DE VIE de la personne est détruite et cela dans tous les mondes visibles et invisibles.

Cette lumière qui fait le lien entre les dimensions est parallèle au cordon doré.

À l'intérieur de la Corde d'Argent qui relie le corps Physique au physique se trouve le CORDON DORE imprégné d'une Energie Vitale dorée, c'est l'Energie de LUMIERE qui maintient l'individu en vie sur tous les plans.

Quand le corps physique est détruit, le problème ne fait que commencer. + Esprit est libéré par la Corde d'Argent Sauf en cas d'effort NUCLEAIRE qui n'est pas la voie normale impliquant que le Cordon est brisé et retiré de la personne.

La vie est ENERGIE quelque soit la dimension dans laquelle se trouve la personne. L'Energie peut être dénaturée lorsque certains facteurs la perturbent. C'est cette distortion provoquée par la déflagration nucléaire

jedes Körpers und der Ebenen, die miteinander verbunden sind.

Die Seele kann in der schwersten Weise betroffen sein und jeder nuklearer Angriff oder nukleare Test ist eine Gefährdung der Seele der anderen in den sichtbaren und den unsichtbaren Welten, denn die nuklearen Effekte betreffen die Hülle [Wort unlesbar] und gemäß der *[Wort unlesbar: Abstand?]* befindet man sich *[Wortfolge unlesbar]* um/für den Einfluss der Hülle *[wie oben, unlesbar, Name der Hülle? Ainque?]* kann dauerhaft verstümmelt werden oder sogar vollständig zerstört, [Verb unlesbar] werden.

Jene, die durch die Energiefelder auf oben beschriebene Weise betroffen sind, sterben normalerweise sehr schnell, allein aufgrund der Strahlung aber vorallem weil das LICHT DES LEBENS der Person zerstört ist und das in allen sichtbaren und unsichtbaren Welten.

Dieses Licht, das die Dimensionen verbindet, lässt sich mit einer goldenen Kordel vergleichen.

Im Inneren der silbernen Kordel, die die Astralkörper mit dem physischen Körper verbindet, befindet sich die GOLDENE Kordel, die mit einer goldenen Lebensenergie durchtränkt ist. Das ist die Energie des Lichts, die nun *[Wort unlesbar]* im Leben auf allen Ebenen.

Wenn der physische Körper zerstört ist, fangen die Probleme erst an. Der Geist wird außer im Fall des <u>atomaren Todes</u> durch die Silberne Kordel befreit, wobei der atomare Tod nicht der übliche Weg ist, was impliziert, dass die Kordel kompakt *[? unsicher]* ist und losgelöst von der Person.

Das Leben ist ENERGIE egal in welcher Dimension sich die Person befindet. Die Energie kann verzerrt sein, wenn einige Faktoren sie stören. Genau diese Störung verursacht durch die atomare Verpuffung

56 qui est à la base du Problème. La Distorsion amène
l'Âme reliée en physique à travers toutes les fibres par
l'atome de chaque place, à souffrir de manière inhabi-
tuelle — Il y a éclatement de l'énergie de vie à tous
les plans de conscience —

Il faudra donc énormément de travail de soin
de patience pour Ré-aligner l'Âme pour la remettre
dans sa vie et voie normale. Il faut repolariser les
champs d'Énergie de l'Âme avant qu'elle puisse
se retrouver dans un état normal —

C'est dans les "Hôpitaux Cosmiques" que l'on
peut traiter ce genre de "Maladie" en se mettant
en liaison avec les "devas" qui aident à la formation des
corps dans les mondes formels afin de réajuster le travail qui a
été détruit dans la construction de la forme

Le Système Solaire se tourne maintenant lentement
vers sa nouvelle orbite dans le champ d'expansion du
Verseau — les fréquences de la Terre seront compatibles
avec tout le reste du Système.

C'est pour cela qu'un nettoyage de la planète
Terre doit être effectué car une grosse partie
de l'humanité actuelle ne pourra pas supporter
le nouveau taux vibratoire de l'Entité planétaire
qui va accéder à un plan de conscience supérieur
et effectue elle même Après la période cataclysmique
T.d.T. et volcans — Évacuation des ET — en se
retournant par le renversement des Pôles comme
un chien secoue ses puces pour se débarrasser

steht am Anfang des Problems. Die Seele, die über alle Ebenen durch die Atome jeder Ebene verbunden ist, muss durch die Verdrehung *[der Energie]* auf ungewöhnliche Art leiden. Die Lebenenergie zerspringt auf alles Ebenen des Bewusstseins *[unsicher]*.

Es bedarf daher enorm vieler geduldiger Pflegearbeit, um die Seele WIEDERauszurichten, um sie wieder in ihr Leben und in ihre üblichen Weg zu integrieren. Man muss die Energiefelder der Seele repolarisieren, bevor sie in den normalen Zustand zurückfindet.
In den „kosmischen *[Wort unlesbar: Heptans? Siebenjahre?]* steht, dass man diese Art der „Krankheit" behandeln kann, indem man sich mit den „devas" *[dem göttlichen?]* in Verbindung setzt, die bei der Bildung des Körpers in den Formellen Welten helfen, um die Arbeit, die in der Bildung der Form zerstört wurde, wieder aufzurichten. A (im Kreis, durchgestrichen) + nach oben, C *[undefinierbar]*
(Links an der Seite untereinander) X (im Kreis) 2 B X (im Kreis) (Strich nach oben)
Das Sonnensystem befindet sich jetzt langsam auf seiner neuen Umlaufbahn im Ausdehnungsfeld der/des Terseau *[? Wort korrekt Eigenname]*.
Die Erdfrequenzen werden mit dem ganzen übrigen System kompatibel sein.

Deshalb muss die Reinigung des Planeten Erde ausgeführt werden, denn ein großer Teil der derzeitigen Menschheit wird das neue Vibrationsniveau des Planeten, das eine höherer Bewusstseinsebene zugänglich macht, nicht aushalten können und ~~dieses Niveau betreffen~~ (Pfeil: X nach oben). Nach der katastrophalen Periode der Erdbeben und Vulkanausbrüche. Evakuierung der Außerirdischen (oben eingefügt: und einiger Erdenbürger). Indem er *[der Planet]* sich umwendet durch die Umkehrung der Pole, wie ein Hund der die Flöhe abschüttelt, um

de ses parasites en se transfant dans l'eau entreinement ce qui equivaudra à un Gigantesque Tsunami planétaire qui balayera tout ce qui est parasite vivant. Les endroits protégés seuls en Montagne seront épargnés avec leurs habitants prévus pour supporter le choc. Quant à ceux qui auront été balayés définitivement de la planète, ceux-ci qui font partie des "Forces Noires" subiront la 2ème Mort en étant envoyé en "sommeil" sur une planète d'exil possédant un taux vibratoire semblable au leur et dormiront (dans cette état "léthargique" pendant des EONS) qu'une planète sort créé pour leur permettre de s'incarner à nouveau afin de continuer à évoluer et de chasser leur matérialisme forcené et leur pouvoir de domination pour les remplacer par l'Amour Universel —

La terre leur sera interdite à jamais.

Quant à la terre afin avoir été restabilisée sur son nouvel Axe pour une longue période de rénovation et d'âge d'or avec le nouvel enseignement "spirituel" qui lui sera donné dans l'Amour christique cosmique.

diese Parasiten loszuwerden, der sichvollständig ins Wasser tunkt, was einem gigantischen Tsunami auf der Erde gleichkäme, der alle lebenden Parasiten hinwegfegt, allein die Schutzräume in den Bergen mit ihren Bewohnern werden verschont. Ihre Bewohner wurden ausgewählt, um den Schock zu ertragen. Jene aber, die vom Planeten weggefegt wurden, das sind jene die zu den „Schädlichen Kräften" gehören, sterben den 2ten Tod, indem sie in den „Schlaf" auf einen Exilplaneten geschickt werden, der ein ähnliches Vibrationsniveau bestitzt wie ihr eigenes und warten (in einem „lethargischen" Zustand während mehrerer Jahrhunderte) darauf, dass ein Planet entsteht, der ihnen erlaubt wiedergeboren zu werden ~~um sie/ihr [Wort unlesbar]~~ um ihre Evolution fortzusetzen und um ihren gezwungenen Materialismus zu bekämpfen und ihr Streben nach Macht über andere durch die Universelle Liebe zu ersetzen. _

Die Erde ist für sie für immer ein verbotener Ort. Für die Erde, nachdem sie auf ihrer neuen Achse stabilisiert wurde, bricht eine lange Zeit der Erneuerung und das goldene Zeitalter *an [Punkt, aber klein weiter][„sie wird" fehlt hier]* mit der neuen „geistigen" Ausbildung beginnen, die ihr von der kosmischen Christlichen Liebe gegeben ist.

Seiten 58/59
nicht vorhanden.

Réflexions sur les Conférences de
Rauni-Leena - "ambassadrice" des ET

Lorsque Rauni parle des ET dans une sorte
d'enthousiasme cosmique un peu naïf parce qu'elle
mélange les "Grands Blonds" et les "Gris" dans un même élan
d'Amour.

Elle semble ignorer que LES Univers multidimensionnels
comportent des créations totalement différentes de celle que
connaissent les mondes tridimensionnels comme la planète
Terre.

Il faut bien comprendre qu'il y a une infinité d'Univers.
Le monde terrestre fait partie des Univers Humanoïdes
mais il existe aussi des mondes Animaux dont font partie
les "Greys" les gris, des Univers Végétaux dont certains
êtres sont incarnés sur cette planète et qui viennent de
la 5e dimension (Personnellement je connais une telle
personne dont le "sang" était un liquide ressemblant à
de la Sève Végétale et qui serait venu de la planète Xénor)
et même des Univers minéraux, et d'autres créations que les
derniers ne peuvent imaginer.
Tous ces Univers ont des lois cosmiques spécifiques
à chacun d'eux - et ce qui est valable pour les
Univers humanoïdes peuvent ne pas l'être pour d'autres
créations - les Sensations les sentiments sont
totalement inconnus dans certains Univers.
Rauni semble confondre Lumière et Luminosité

Wenn Rauni mit einer Art kosmischem Enthusiasmus von Außerirdischen spricht, ist das etwas naiv, denn sie mischt die „Großen Blonden" und die „Grauen" in die selbe Familie der Liebe.

Sie scheint nicht zu wissen, dass DIE multdimensionellen Universen Geschöpfe umfasst, die völlig von denen auf der dreidimensionalen Erde verschieden sind. Man muss natürlich verstehen, dass es unendlich viele Universen gibt. Die irdische Welt ist Teil der humanoiden Welten aber es gibt auch Tierische Welten zu denen die „Greys", die Grauen gehören, und Pflanzliche Universen, von denen einige Wesen auf diesem Planeten wiedergeboren sind und die aus der 5ten Dimension kommen (Ich persönlich kenne eine solche Person, deren „Blut" eine Flüssigkeit ist, die an den Pflanzensaft erinnert und die vom Planeten Xemur kamen) und sogar Mineralische Universen und andere Schöpfungen die sich Erdenbürger nicht vorstellen können.

All diese Universen gehorchen kosmischen Gesetzen, die für sie spezifisch sind und das was für unser humanoides Universum gültig ist, gilt nicht zwangsläufig für andere Geschöpfe. Die Empfindung von Gefühlen sind in einigen Universen völlig *[adjektiv unlesbar]*.

Rauni scheint die Konzepte Licht und Glanz zu verstehen

et là se trouve la clé de beaucoup d'erreur —

Pour ne parler que de nos Univers Humanoïdes les gens
parlent de corps de Lumière au lieu de Corps Lumineux —
Car le corps visible dans les autres Dimensions est le corps
physique vibrant au rythme de ces mondes — [en] cette
luminosité due à la fréquence dimensionnelle n'a rien
à voir avec la Lumière dite spirituelle "qui est totalement
c'est exactement
A même chose que dans Notre monde à 3 dimensions, Votre
corps physique humain n'est pas lumière où se [propage la] fréquence
atomique mais le serait pour un être inférieur à Notre
dimension —

Il ne faut pas en effet confondre le Corps de Lumière
qui est le corps dit "spirituel" avec le corps physique
qui est lumineux au sein de Sa fréquence dimensionnelle.
Dans le monde de la forme = ce qui est en haut est comme
ce qui est en bas et vice versa —

Quand Rama dit que les "Grands Blancs" et les Gris
infestent tous l'ennemi et l'Univers... français dans
l'Univers, elle [semble ignorer] la multiplicité des Univers qui
n'ont rien à voir avec celui que nous connaissons —

und darin befindet sich der Schlüssel zu viel Liebe.

Um nicht nur von unserem humanoiden Universum zu sprechen, reden die Leute vom sichtbaren Lichtkörper anstelle des Leuchtkörpers.

Denn dieser in anderen Dimensionen sichtbare Körper ist der physische Körper, der im Rhythmus dieser Welten schwingt. Der Glanz, der von der dimensionalen Frequenz abhängt, hat nichts (oben eingefügt: *[Wort/e unlesbar]* formelle Welten) zu tun mit dem sogenannten „spirituellen" Licht, (oben eingefügt, das vollständig *ist [hier scheint ein Verb zu fehlen, da vollständig als Adverb gebraucht ist, nicht als Adjektiv]*). Es ist genau dasselbe wie in unserer dreidimensionalen Welt. Ihr physischer, menschlicher Körper leuchtet angesichts seiner atomaren Frequenz nicht, aber aus der Sicht eines niederen Wesens unserer Dimension tut er es.

Man muss natürlich den Körper des Lichts nicht verstehen, der der sogenannte spirituelle Körper ist, mit dem physischen Körper, der leuchtend/glänzend ist, aufgrund seiner dimensionellen Frequenz. In der Welt der Formen= das was oben ist, ist wie das was unten ist und umgekehrt _ *[Sinn nicht verständlich]*

Wenn Rauni sagt, dass die „großen Blonden" und die „Grauen" alle Energie und die allgegenwärtige Liebe im Universum repräsentieren, dann ~~vergisst sie~~ scheint sie die Multiplizität der Universen zu ignorieren *[oder: nicht zu kennen]*, Universen, die nichts mit dem zu tun haben, das wir kennen.

62

Essai de Recherche et d'Approche de la Connaissance
de "DIEU" —

———

Connais toi, Toi même et Tu connaîtras
l'Univers et les Dieux —
SOCRATE —

Cette phrase mise en exergue est la phrase la plus
importante qu'un des plus grands Philosophes et Penseurs n'ait jamais
écrite ou enseignée car elle est la clé de la porte du chemin
de la Recherche de Dieu —
Cette phrase qui fut matériellement tronquée pour la
changer tout son seul véritable sens par les officiels de la
désinformation et de l'obscurantisme se résumant seulement au
"Connais toi toi-même" — Point final — Ce qui contrairement
fausse totalement le sens de cette Vérité première —

Versuch Kenntnisse von „Gott" zu recherchieren und zu erlangen.

Kenne dich, dich allein und die wirst das
Universum und die Götter kennen.
SOKRATES

Dieser Satz, als Motto vorangestellt, ist der wichtigste Ausspruch den einer der größten Philosophen und Denker je geschrieben oder unterrichtet hat, denn er ist der Schlüssel zur Tür zum Pfad der Erkenntnis, der zu Gott führt.

Dieser Satz, der durch die Offiziellen der Desinformation und des *[Worte durchgestrichen, unleserlich]* (Obskurantismus *[untendrunter mit Pfeil nach oben])* substanziell verstümmelt wurde, um all seinen (oben: wahren) ~~eigentlichen~~ Sinn zu ändern, wird nur noch ganz lapidar als „Kenne dich. Dich selbst".Schlusspunkt. was ~~selbstverständlich~~ den (von oben: eigentlichen) ~~tiefen~~ Sinn dieser (von oben: großen) ~~ersten~~ Wahrheit völlig verfälscht.

cette phrase mise en exergue est la phrase la plus importante
qu'ait [des] plus grands Philosophes et Penseur de l'Antiquité ait jamais
Prononcée
~~professée~~, écrite ou enseignée, car elle est la clef (qui ouvre) la porte du chemin
~~qui mène~~ de la recherche qui mène à DIEU —

Cette phrase sublime fut actuellement tronquée par les
officiels de la désinformation et de l'obscurantisme pour lui occulter
Son sens véritable ~~notoire~~ en se revenant seulement au première
" Connais-toi toi-même "— (Point final) Ce qui évidemment fausse
Totalement la pensée et le sens profond et intrinsèque de cette grande
Vérité émise par Socrate —

Rechercher DIEU — Quête impensable ? impossible ?
Folie
(Rêverie stérile ? — Essayons quand même d'y voir clair à
travers tous les enseignements donnés —

L'Église catholique dans son catéchisme ~~[...]~~, à la question
Qu'est-ce que Dieu — Répond C'est un PUR ESPRIT. — Pourfinal
La religion judaïque l'appelle EN SOPH. — L' INCONNAISSABLE [ou]
L' innommable !

L' ORIENT — ~~Cela~~ Parabrahm ou Celui dont Rien ne peut être DIT
Voyons alors dans l'enseignement dit ÉSOTÉRIQUE ce qu'il
en est —

L' Homme est composé de 7 corps qui se trouvent dans
7 plans s'interpénétrant les uns les autres en se sublimant à
mesure que l'on s'élève graduellement au fond d'une vibratoire
Ces 7 plans sont les Suivant de commencer par le plus matériel) —

1	Plan Physique	dans la constitution de la matière —
2	Homoïde	Car on ne peut ignorer que
3	Bouddhique	la Matière est de l'Énergie
4	Intuition	vibrant à un rythme lent au
5	Mental	point de vue atomique —
6	Astral	La science actuelle explique et démontre parfaitement ce problème =
7	Plan physique	Donc en partant de cette connaissance les 7 sous-plans du plan physique humain

Der als Motto vorangestellte Satz ist der wichtigste Satz, den einer der größten Philosophen und Denker der Antike jemals gesagt (~~verlauten lassen~~), geschrieben oder gelehrt hat, denn er ist der Schlüssel, der die Tür zum Weg der Suche öffnet, der zu Gott führt.

Der verfeinerte Satz wird natürlich durch die Offiziellen der Desinformation und des Obskurantismus verstümmeln, die versuchen seinen wahren Sinn zu verbergen, indem man ihn nur ganz lapidar verwendet als „Kenne dich. Dich selbst" (Schlusspunkt), was selbstverständlich den Gedanken und den eigentlichen, intrinsichen Sinn dieser großen, von Sokrates *[Wort unlesbar]* Wahrheit völlig verfälscht.

Die Suche nach Gott_ Eine undenkbare, eine unmögliche Frage? Eine sterile Verrücktheit, eine Träumerei? Versuchen wir trotzdem hier einen klaren Blick über alle gegebenen Lehren zu behalten.

Die Katholische Kirche mit ihrem Katholizismus ~~sagt uns~~, antwortet auf die Frage: Was ist Gott: Das ist ein REINER GEIST. Und damit Ende.

Die jüdische Religion nennt ihn *[Wort unlesbar, teils durchgestrichen]* den Unerkennbaren, den Unaussprechlichen.

Der ORIENT. Parabraham oder derjenige der nicht GESAGT werden kann. Nun sehen wir uns auch noch *[Wort unlesbar durchgestrichen]* die Esotherische Lehre an und wie er dort genannt wird.

Der Mensch besteht aus 7 Körpern, die sich auf 7 Ebenen befinden, die sich gegenseitig durchdringen und verfeinern in dem Maße, wie man ihre Vibrationsfrequenz in der Konstruktion der Materie erhöht. Diese 7 Ebenen sind die folgenden, beginnend mit der materiellen Ebene

„Spirituelle" Ebenen	Göttliche Ebene	1	
	Menschliche	2	
		3	
	Intension	4	
	Seele Atomar	5	Mental
	Atomar	6	Astral
	Atomar	7	Physisch

Da man nicht ignorieren kann, dass die Materie aus *[Wort unlesbar: vibrierender?]* Energie besteht an ein System *[Wort unlesbar]* aus atomarer Sicht. *[Satz unverständlich]*.
Die aktuelle Ansicht zeigt und demonstriert dieses Problem.
Ausgehend von der Kenntnis der 7 Unterebenen des Aufbaus des physischen menschlichen Körpers

[die ersten zwei Zeilen unverständlich] konstituiert sind, für/durch die
Ebene, denn zwei feste mehr *[Wort unlesbar], dann [Wort unlesbar],*
dann 4te Ethnisch *[?],* 3,2,1: man nennt 5 auch Ethnisch *[?],* 4. Atomare
Dimension.
Auf diesem atomaren Unterplan befinden sich die dauerhaften Atome
der physischen Ebene, dann kommen wir auf die höherere Ebene auf die
Astrale *[groß geschrieben]* Ebene mit ihren 79 Ebenen. Die dauerhaften
Astralen Atome, dann die dritte, die Mentale Ebene, deren erste Ebene
die mentale atomare Ebene ist, wo sich die dauerhaften Atome befinden,
die die Seele berühren –

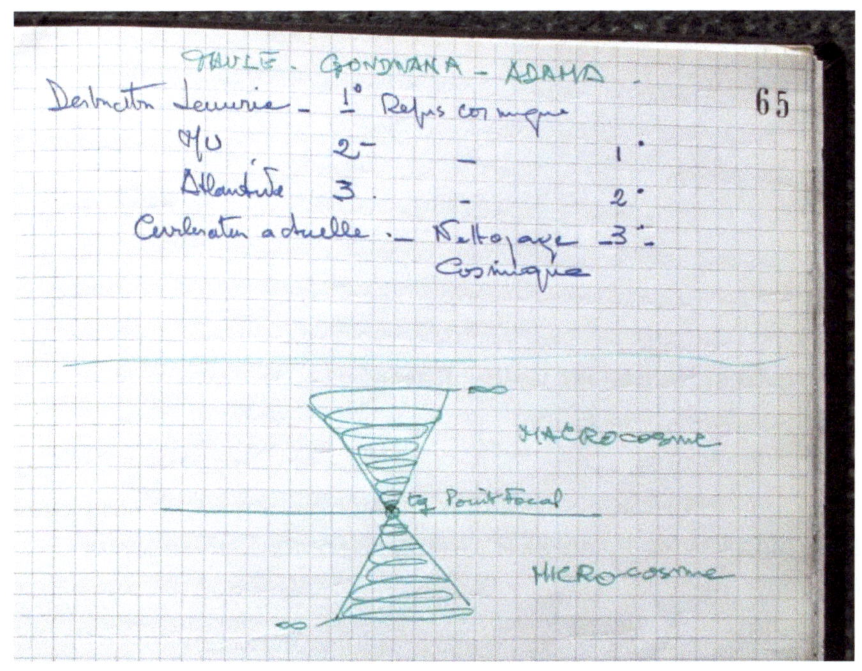

MAULE – GONDWANA – ADAMA

Zerstörung	Lemurien	$\underline{1}$° kosmische Ablehnung	
	MU	2⁻⁻ _	1°
	Atlantis	3 _	2°
	aktuelle Zivilisation _ kosmische 3°		
	Reinigung		

Text im Bild:

MACROCOSMOS

Schwerpunkt

MICROCOSMOS

Unsere Geschichte ist voller Rätsel –

Wir wollen helfen, sie zu lösen !

Bücher und Informationen zu den Themenkreisen Archäologische Rätsel dieser Welt, Paläo-SETI, Grenzwissenschaften, Sagen und Mythen.

Fordern Sie einfach *kostenlose* weitere Informationen an – per Postkarte, Fax, Telefon oder eMail beim

Ancient Mail Verlag • Werner Betz
Europaring 57, D-64521 Groß-Gerau
Tel. (00 49) 61 52/5 43 75, Fax (00 49) 61 52/94 91 82
eMail: ancientmail@t-online.de
www.ancientmail.de